新式制氮机系统

电器控制系统装备

主编段眉会观察制氮机运转情况

新式压缩机样图

气调系统空压机

段眉会同志在新式压缩机旁边观察

新式制氮气机

新式冷却氮气机

蒸发式冷凝器

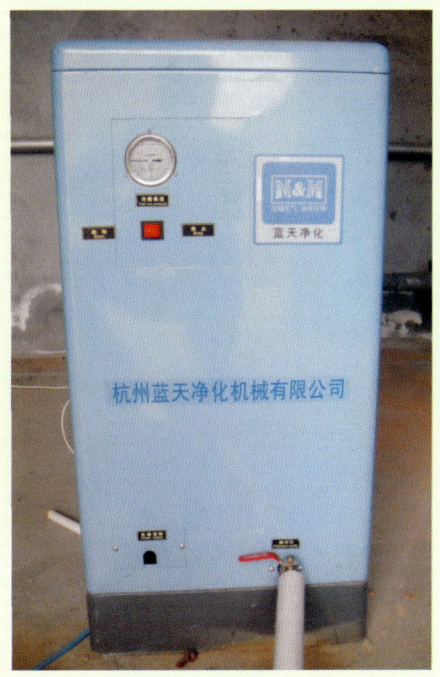

气体净化器控制机

原来的冷却塔

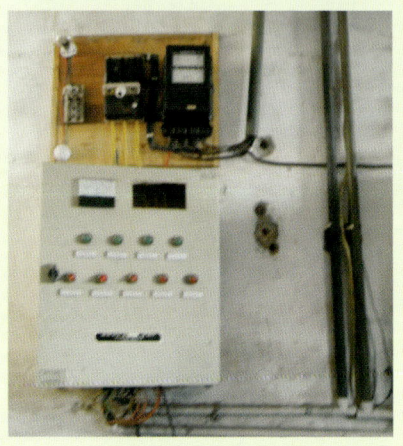

电源温控自动系统

冷库专用变压器及供电系统

猕猴桃贮藏保鲜实用工艺技术

段眉会　朱建斌　主　编

西北农林科技大学出版社

内容提要

本书由陕西省周至县农业局农艺师段眉会与周至县科技局工程师朱建斌两位专家二次合作主编,随着猕猴桃产业提升和发展,并且应广大读者的需求,编写了这本猕猴桃贮藏保鲜实用工艺技术。书中主要介绍国内外猕猴桃贮藏保鲜中的动态方向、先进技术工艺,贮藏保鲜现状及存在问题,重点阐述了猕猴桃果实的采前、采中、采后贮藏保鲜特性,猕猴桃贮藏保鲜冷库工艺、冷库的实际操作管理技术,尤其重点介绍了猕猴桃果实的气调贮藏保鲜技术。突出了适宜于我国特点的人工大帐气调管理技术等内容。全书内容系统,语言通俗,技术实用性、操作性强。适宜猕猴桃栽培者、营销者、特别是贮藏保鲜人员和果业技术人员,农业院校有关专业师生学习与使用。

《猕猴桃贮藏保鲜实用工艺技术》编委

主　　编：段眉会　朱建斌
副 主 编：樊宏斌　田宏斌　王远堂　康宝利
　　　　　石　磊　陈　勇　邵满良
参　　编：杨开信　任选锋　雷菊霞　李敏霞
　　　　　黄　林　刘淑兰　王普强　石东泉
　　　　　刘三斌　宋荣果　侯军宁　燕党平
　　　　　何新阳　刘亚平　张建刚　李永涛

前言

目前,我国猕猴桃产业发展已进入了果品质量全面提升、参与国际质量保障建设的关键时期。猕猴桃贮藏保鲜工艺技术水平的提升,是增加国际市场竞争力核心技术之一。因广大猕猴桃产业经营者、贮藏保鲜者的要求,在出版发行《猕猴桃产业实用技术450问》的基础上,编写了这本《猕猴桃贮藏保鲜实用工艺技术》,书中介绍了国内外猕猴桃贮藏保鲜先进实用工艺技术,立足于我国猕猴桃贮藏保鲜现状,全面论述了猕猴桃贮藏保鲜实用工艺技术,正在国内尚属首次。全书共分为十个章节,插入了十几幅设备工艺图,文图并茂,实用性、可操作性强。希望在同仁的支持和帮助下,使之日臻完善,从而进一步全面提升我国猕猴桃产业在国际当中的地位。

在此,向所有为此书提供有关技术、实物照片、实践经验及参考意见的同行和友人致谢,也谨向引导、关心和支持我国猕猴桃产业发展的同仁表示崇高的敬意。

由于我们水平有限,加之未对文字加以反复的推敲,因此书中疏漏与失误之处难免。若有不妥之处,请登录中国猕猴桃技术集成网(www.mhtjsw.com)留言,敬请读者批评指证,以便共同提高。

编者
2011 年 11 月

前言

编者
2011年11月

目 录

第一章 概论

第一节 猕猴桃保鲜贮藏的意义…………………………………（1）
第二节 国外猕猴桃储藏保鲜技术的现状和发展趋势
　　　　………………………………………………………（2）
第三节 我国猕猴桃果品储藏保鲜的现状及存在问题
　　　　………………………………………………………（5）

第二章 猕猴桃果品贮藏的生理特性

第一节 猕猴桃果品的生理特性…………………………………（8）
第二节 猕猴桃果品采前、后的生理变化………………………（12）
第三节 猕猴桃果品贮藏保鲜的特点 ……………………………（12）
第四节 猕猴桃果实贮藏期间的生理特性 ………………………（14）

第三章 影响猕猴桃贮藏保鲜的因素

第一节 影响猕猴桃贮藏保鲜的内在因素 ………………………（18）
第二节 影响猕猴桃贮藏保鲜的外在因素 ………………………（20）
第三节 采后精细化处理对猕猴桃果品贮藏保鲜的影响
　　　　………………………………………………………（22）
第四节 贮藏条件对猕猴桃果品保鲜的影响 ……………………（24）

第五节　冷库管理对猕猴桃贮藏性影响 …………………（25）

第四章　猕猴桃果品贮藏的基本知识

一、猕猴桃果品呼吸作用的定义、方式及呼吸类型
　…………………………………………………………（28）
二、猕猴桃果品田间热和呼吸热的区别………………（29）
三、影响猕猴桃果品水分损失的因素及防止萎蔫的措施
　…………………………………………………………（29）
四、贮藏期间要防止猕猴桃"发汗"……………………（30）
五、猕猴桃的冷害及控制措施…………………………（30）
六、贮藏期间要防止猕猴桃发生冻害…………………（30）
七、猕猴桃的成熟与衰老………………………………（31）
八、猕猴桃的后熟作用…………………………………（31）
九、猕猴桃果品的适时采收要求………………………（31）
十、乙烯对猕猴桃的作用及控制内源乙烯的方法
　…………………………………………………………（32）
十一、猕猴桃果品含钙量与贮藏寿命的关系…………（33）
十二、贮藏中引起猕猴桃果品变质的因素……………（33）
十三、猕猴桃生理病害与病理病害的区别……………（33）

第五章　猕猴桃果实的贮藏保鲜原理

第一节　猕猴桃贮藏保鲜原理 …………………………（34）
第二节　猕猴桃的贮藏保鲜的内外因素及其控制 ………（34）

第三节 猕猴桃贮藏保鲜方法 ……………………………………（35）

第六章 常用中小型猕猴桃冷库的修建及调试

第一节 中、小型冷库的分类……………………………………（39）

第二节 中、小型冷库的库体……………………………………（39）

第三节 中、小型冷库制冷设备选用……………………………（40）

第四节 中、小型冷库设计要点…………………………………（40）

第五节 中、小型冷库工程设计安装建议………………………（41）

第六节 冷库的结构特点和技术参数……………………………（41）

第七节 制冷设备的安装工程及验收规范………………………（42）

第八节 农机制冷系统……………………………………………（44）

第七章 目前猕猴桃保鲜贮藏冷库的主要类型及特点

第一节 机械冷库的贮藏…………………………………………（49）

第二节 气调贮藏…………………………………………………（59）

第三节 减压贮藏…………………………………………………（79）

第八章 猕猴桃贮藏保鲜实用操作技术

第一节 猕猴桃入库前的准备工作………………………………（86）

第二节 猕猴桃采收技术要求……………………………………（87）

第三节 猕猴桃采后处理…………………………………………（87）

第四节 猕猴桃入库技术要求……………………………………（88）

第五节 猕猴桃冷藏管理技术……………………………………（88）

第六节 猕猴桃出库管理技术 ……………………………（90）
第七节 大帐气调贮藏技术 ………………………………（91）
第八节 化学保鲜剂处理技术 ……………………………（91）
第九节 猕猴桃贮藏过程中管理注意事项 ………………（92）

第九章 人工大帐气调贮藏管理技术

第一节 大帐人工气调贮藏保鲜由来与发展 ……………（93）
第二节 大帐人工气调贮藏保鲜工艺技术与研究 ………（95）
第三节 帐内湿度调控 ……………………………………（105）
第四节 大帐人工气调贮藏的优势与特点 ………………（106）
第五节 猕猴桃大帐气调储藏技术要点 …………………（107）
第六节 猕猴桃贮藏过程主要存在问题 …………………（109）

第十章 猕猴桃储藏保鲜中的常见问题及处理措施

一、机械制冷系统出现故障怎样正常运行 ……………（112）
二、制冷设备的操作与管理应注意问题 ………………（112）
三、制冷系统检修保养内容 ……………………………（113）
四、如何提升气调冷库质量与功能 ……………………（113）
五、气帐内 O_2、CO_2 浓度的调控 ……………………（114）
六、气帐内气体换气操作技术 …………………………（114）
七、气帐内气体浓度不标准时怎样调控管理 …………（114）
八、气帐内果实发生异变怎样调控 ……………………（115）
九、调控气帐内温度参数标准 …………………………（115）

十、气帐内湿度参数值是多少 …………………………（115）
十一、气帐内的乙烯含量超标时的处理方法 ………（116）
十二、气帐内果实出现霉变时的处理方法 …………（116）
十三、掌握猕猴桃的冰点温度操作方法 ………………（117）
十四、猕猴桃贮藏保鲜温度参数范围是什么 …………（117）
十五、猕猴桃贮藏前、中、后期如何确定及操作 ……（117）
十六、贮藏保鲜怎样开始预冷 …………………………（117）
十七、冷库猕猴桃预冷的最佳方法 ……………………（118）
十八、预冷是猕猴桃果实贮藏保鲜的重要环节
　　　……………………………………………………（118）
十九、猕猴桃果实的冷害是怎么发生的 ………………（118）
二十、猕猴桃果实发生冷害怎么办 ……………………（118）
二十一、猕猴桃贮藏库内最佳湿度参数是多少 ………（119）
二十二、猕猴桃冷藏库内加湿的方法是什么 …………（120）
二十三、猕猴桃冷库管理主要存在什么问题
　　　　………………………………………………（120）
二十四、怎样进行库内果实杀菌灭害防腐处理 ………（120）
二十五、怎样做好冷库温度的观测管理 ………………（121）
二十六、怎样做好库内湿度的管理工作 ………………（121）
二十七、如何测量二氧化碳和氧的含量 ………………（122）
二十八、臭氧（O_3）在猕猴桃贮藏保鲜中有何作用 ……（123）
附录　冷库的相关管理制度章程及注意事项 …………（124）

第一章 概论

第一节 猕猴桃贮藏保鲜的意义

我国幅员辽阔,是世界猕猴桃果品生产大国,猕猴桃果品种类繁多,有许多名、优、特品种,风味独特,可口诱人,经济和营养价值也很高,它们不但能够满足国内市场的需求,而且在国际市场上也具有一定的竞争潜力。近几年来,猕猴桃产业在我国发展迅速,目前,国内种植面积已达150万亩,产量已居世界首位。但是,由于果品科技含量低,贮藏保鲜产业链的不完整,远远不能满足国际高端市场的要求,使猕猴桃产业由数量规模型向质量效益型转变难以实现,因此,提高我国猕猴桃的贮藏保鲜能力,已经成为制约产业发展的瓶颈所在。特别是贮藏保鲜、运输设备不完善,猕猴桃果品还不能实现冷链运输。在国际市场,我们一流的产品却卖不出一流的价格。随着人民生活水平的提高,人们对果品的消费已从"数量型"转向"质量型",不仅花色品种要多,还要求产品向新鲜、干净和精美的方向发展。我们大力开展以提高果品质量为中心的采后商品化处理,通过分级、挑选、预冷、包装和冷藏等环节,提高猕猴桃果品的附加值和资源的充分合理利用。

猕猴桃果品商品化处理是提高果品商品质量、满足市场需求、提高猕猴桃果品附加值的重要途径。近年来,在猕猴桃主产区,果农卖果难、增产不增收的现象非常普遍,原因不仅与市场有关,更重要的是与果品的商品质量有关。随着人民生活水平的不断提高,对果品质量的要求愈来愈高,特别是我国加入世贸组织后,我国农产品的质量是参与国际水果市场竞争的先决条件。因此,对果品进行科学的商品化处理,特别是规范化贮藏保鲜,创建猕猴桃果品品牌是满足消费者需求,提高果品竞争力,增进果品经济价值,壮大猕猴桃产业的重要措施。通过贮藏保鲜从而延长猕猴桃果品货架寿命和贮藏期的,实现果品采收后增值和优质优价,获得最大的经济效益。世界上猕猴桃产业发达国家如新西兰,猕猴桃果品采收后商品化处理率达90%以上,我国却不足30%。这与猕猴桃贮藏保鲜环节相当滞后有直接关系,据国家农产品保鲜工程技术研究中心研究发现,国外猕猴桃果品在保鲜物流环节的损耗率仅为1%~2%;我国猕猴桃贮藏能力为总产量的50%,且多为简易贮藏,冷藏、气调贮藏只占总贮藏能力的30%,而发达国家为100%,且其中70%~80%为气调贮藏;在2009年农业部召开的全国水果工作会议上,与会专家提出了推进我国水果产业持续健康发展的建议和策略,针对猕猴桃产业发展,专家们建议要大力发展猕猴桃果品采后处理、贮藏和加工,力争猕猴桃果品采后贮藏保鲜达到60%以上,这为猕猴桃产业链的延伸和发展指明了方向。

第二节　国外猕猴桃储藏保鲜技术的现状和发展趋势

适宜的温度、湿度和气体组合是猕猴桃果品贮运保鲜的三大要素,其中温度的影响效果是最为明显、性价比最高的第一要素,也是通常猕猴桃果品贮运保鲜的最基本控制条件。因此,能够实现温度控制的冷库是猕猴桃果品冷藏业的基础设施。

近几年,我国猕猴桃果品贮藏企业和猕猴桃果品种植业相互促进,迅速发展,出口贸易的增加加速了我国猕猴桃果品冷藏、气调贮藏的发展。在保鲜技术方面,随着研究的不断深入,我国的保鲜技术正在向以控温为主,气调、保鲜剂、保鲜包装等做辅助手段的综合保鲜技术发展。然而,我们也应看到,我国的猕猴桃果品保鲜行业与先进国家相比在技术、设施等方面还有明显差距。

一、国外猕猴桃果品冷库与保鲜技术的现状

1. 发达国家猕猴桃果品冷库多数规模大,趋于大型化发展

发达国家注重大型冷库、气调库的发展,一座冷库贮藏能力达几万吨,而且还拥有多条大型分级包装线,装卸铲车就有几十辆。设备利用率高,生产成本低;便于统一管理,容易实现标准化、机械化、自动化;产品质量控制严格,质量有保障;对市场的影响大,市场竞争力强。

2. 自动化程度高,现代化技术设施应用广泛

现代化的气调贮藏、冷链物流应用比例高,制冷环节的温湿度、气体指标控制实现自动化,分级、包装、装卸各环节几乎全部采用机械化、自动化,高效节能型的螺杆制冷机、蒸发式冷凝器较为普遍的应用,差压预冷、减压贮藏、超低氧气调等先进工艺用于极易腐产品的保鲜。

3. 设施配套化

预冷设备,清洗、分级、挑选、涂蜡、包装等商品化处理设备,冷库货架、铲车等装卸设备,贮藏环境监控设备,质量检测设备,冷链物流设备等配套完善。

4. 工艺、措施精细科学化

制冷系统采用小温差传热(如欧盟),减少猕猴桃贮藏过程中的水分损失,确保贮藏产品新鲜程度,并提高制冷效率。日本则在采中推广无伤采收,抗压瓦楞纸箱包装等技术,并加强农村道路建设,以减少猕猴桃流通机械伤造成的腐烂严重问题。采后运输前预冷与低温运输结合有效控制增强流通保鲜效果。采用货架整架装卸和搬运,实现了快速平稳装卸。采用可移动式小冷库直接在产地田间地头入库,实现了贮藏和运输的一体化,贮藏果出售和调运时可连冷库一起装车运走,减少了中间很多环节 确保了贮运物流质量。

5. 注重品牌化、专业化

国外先进国家非常注重品牌的培养和保护,除了有过硬的产品质量、严格商品化处理以外,包装设计新颖、美观、实用,注重品牌宣传。另外,专业化品牌冷库优势突出(如:名、特、优水果专供冷藏库)。

二、国外保鲜技术种类及应用

冷藏保鲜、气调保鲜、减压保鲜、保鲜剂保鲜(包括:防腐剂、植物生长调节剂、涂膜保鲜剂、生物保鲜剂)

1. 冷藏保鲜

冷藏是应用最广泛的猕猴桃贮藏方法,冷藏技术发展迅猛,目前世界范围内机械冷藏库主要向操作机械化、规范化、控制精细化、自动化方向发展。

2. 气调贮藏

气调贮藏(简称CA)其原理是使猕猴桃在低氧和高二氧化碳控制的环境中进行密闭冷藏,使猕猴桃降低呼吸强度,延缓成熟过程,从而达到保鲜的目的。此法保鲜猕猴桃效果好、符合食品安全要求,前景广阔。在国外,低氧CA技术或超低氧贮藏是猕猴桃采后CA应用技术的新突破。

3. 减压贮藏

减压贮藏是一种特殊的气调贮藏方法。是将常压贮藏替换为真空环境下的气体置换贮存方式。在低压条件下,抑制猕猴桃的呼吸作用,并抑制乙烯的生物合成;推迟叶绿素的分解,减缓淀粉的水解、糖的增加和酸的消耗等过程,从而延缓猕猴桃的成熟和衰老。并能防止和减少各种贮藏生理病害,以保持新鲜猕猴桃品质、硬度、色泽等。减压贮藏自20世纪70年代引起美国、英国、日本等发达国家的普遍关注,我国内蒙古包头市建成了世界上第一座千吨级减压贮藏库。

4. 保鲜剂保鲜

保鲜剂包括:防腐保鲜剂(如:二氧化氯、二氧化硫、山梨酸

第一章 概论

钾、噻菌灵等化学保鲜剂和茶多酚、蜂胶提取物、橘皮提取物、植酸、大蒜提取物等天然保鲜剂等);植物生长调节保鲜剂(如:萘乙酸、2,4-D、GA、激动素、6-BA等);涂膜保鲜剂(如:食用果蜡、纳米果蜡、虫胶、壳聚糖等);生物保鲜剂(如:真菌与放线菌等微生物菌种发酵液中提炼萃取的生物保鲜液等);代谢抑制剂(1-MCP)。

第三节 我国猕猴桃果品储藏保鲜的现状及存在问题

一、猕猴桃冷库建设逐步由大城市转向主产区

冷藏是我国猕猴桃长期贮藏的主要方式,但绝大多数都是近30年建设发展起来的,在改革开放以前的计划经济时期,全国的猕猴桃贮藏企业寥寥无几,仅有的几座冷库基本都建在大城市。改革开放以后,猕猴桃种植业和猕猴桃贮藏行业相互促进迅速发展,全国各省市均有猕猴桃冷库,贮藏量不断增加。贮藏保鲜技术研究更加深入(解决贮藏质量、运输压力、运输质量、最终消费质量),猕猴桃贮藏设施的建设逐步由大城市转向主产区,计划经济变成了市场经济。

二、猕猴桃冷库建设区域集中

我国猕猴桃贮藏库大多集中在山东、河南、河北、陕西、山西、辽宁、江苏等北方猕猴桃主产区,目前全国猕猴桃冷库气调库容量约1700万吨,其中山东200多座,600余万吨,2009年山东栖霞新增15万吨;陕西235万吨(2007年),2009年新增5万吨。而南方猕猴桃冷库建设较少。总体来说整体贮藏设施建设不足,局部设施发展供过于求。

三、猕猴桃冷库的设施建设进一步发展

我国猕猴桃贮藏设施虽有较大发展,但仍以简易和一般冷库贮藏为主,现代化气调贮藏应用较少,贮藏设备设施各地有较大差距,山东胶东地区贮藏设施相对较好,冷库建设早且发展迅速,气调库发展居全国之首,一些大型龙头企业新建的气调库,引进国外先进设备与国外先进国家相比无多大差别;但我国多数贮藏企业冷库设施设备简陋、落后,发展极不平衡。

在制冷、气调设备选型应用方面,节能型的螺杆制冷机、蒸发式冷凝器等开始应用;气调库建设中空纤维分离膜、碳分子筛等先进设备、可靠的国外检测控制设备被采用。

在配套设备的应用方面,铲车、大木箱、塑料周转箱等对于减少贮藏期碰压机械伤的堆码、贮藏包装等设备在一些气调库普遍采用。

四、配套的商品化处理设备逐步建立

产后商品化处理系统逐步建立后,分级、包装等商品化处理措施越来越受到重视,山东近几年发展迅速,但总体来看,我国产后商品化处理设备严重落后于世界发达国家。设备简单、规模小、功能单一、档次低,与国外相比有明显差距。

五、制冷及贮藏工艺有待改进

对采后及时快速降温的重要性认识不足,冷库设计多数无预冷设施,采用直接进库贮藏的工艺方式。

多数采用传统传热温差 $10℃$ 的设计(日本、欧盟等先进国家多采用 $2\sim5℃$),蒸发温度低,制冷效率低,能耗增加;同时由于温差大,造成产品干耗大。

分级方式气调外销果采用贮藏前后都要进行分级的方式。冷藏内销果多数采用贮前分级,贮藏结束不再分级,直接带贮藏用原箱运往销地销售的方式,质量无保障。

六、不能适时采收、及时入库,滥用不良保鲜剂

对适时采收、及时入库认识不足,早采、晚采和采后不及时收购入库的现象在各地普遍存在,特别是对于相对较耐贮藏的品种采收、收购时间阵线拉得太长(如:海沃德猕猴桃),前期的成熟度不够,影响口味和商品质量,易产生贮藏生理病害;后采的过熟,不耐贮藏,贮藏期短;冷库滥用不良保鲜剂,并且不规范使用浓度,造成猕猴桃后熟作用消失,不能食用。

七、质量和食品安全有待于提高和加强。

高质量的优质果所占比例太少,包装简单,食品安全受到质疑,国际竞争力不强。

八、物流形式落后

物流形式落后,冷链流通意识缺乏、设施严重不足。

九、产品国内外市场竞争力差

对商品化处理的增值认识不足,国际市场价格低,出口高端市场数量少;国内市场质量混杂,高质量不一定有好价格,挫伤了果农对先进技术应用的积极性。

十、技术力量薄弱

操作人员未经专业培训无证上岗,缺乏真正既有理论基础又有实际操作管理经验的管理人员,因此在管理操作中生搬硬套、照本宣科、盲目效仿别人、不规范操作的做法普遍存在,甚至违章操作时有发生。因此而造成能耗增加,产品贮藏质量无保障。

十一、缺乏行业自律和约束,无序竞争

在贮藏经营过程中缺少必要的行业指导与协调。在猕猴桃收购入库环节中的盲目冲动与市场销售中相互挤压,成为猕猴桃冷藏经营过程中的两大弊端。

行业内存在企业规模小、经营散乱的情况,缺少对市场动态的把握,市场信息渠道不畅,在经营中盲目跟风成分较大,增加了自身的经营风险,也造成了整个行业的混乱。

第二章 猕猴桃果品的生理特性

第一节 猕猴桃果品的生理特性

我国是猕猴桃的故乡,世界上有猕猴桃属植物66个,118个分类单位,除尼泊尔猕猴桃(A. strigosa. Hook. f. horns.)、越南产沙巴猕猴桃(Apetelotii)、日本产山梨猕猴桃(A. ruf aP lanch ex Miq)白背叶猕猴桃(A. hypoleuca)4种外,其余62种均原产于中国,我国栽培较多、分布较广的为美味猕猴桃(硬毛猕猴桃)和中华猕猴桃(软毛猕猴桃),世界主栽品种是海沃德,居世界首位,其次有新西兰早产黄金。近来年,我国产猕猴桃刚刚进入国际市场,还以海沃德为主,过去品种很少出口,以陕西为例,主产秦美,但出口量很少,2006年陕西产红阳开始出口,销售量很少。我国培育了很多好的品种如陕西的金香、江苏的徐香、四川的红阳、湖南的米良1号、湖北的金魁,从果型、品味比较均优于海沃德,但却在国际市场上不如海沃德销路好。新西兰黄金果,近年来在国际市场上异军突起,成为新西兰猕猴桃出口的主打品种,黄金果主要出口商之一——新西兰奇异果国际行销公司每年生产近8 000万箱的奇异果(猕猴桃),占世界总产量的20%,由其培育的黄金奇异果近年在中国市场的增长率都在200%以上,预计到2010年,该公司奇异果在中国市场的销量将超过830万箱,约占全球销售总额的12%。

一般来讲,晚熟品种耐储性好于早、中熟品种,美味猕猴桃比中华猕猴桃耐储运,猕猴桃主要品种见表2-1。

第二章 猕猴桃果品的生理特性

表2-1 猕猴桃主要贮藏品种

种　属	品　种
美味猕猴桃	秦美、海沃德、徐香、徐冠、川猴2号等
中华猕猴桃	魁蜜、庐山下香、通山5号等

猕猴桃属于呼吸跃变型果实,采后必须经过后熟软化才能食用。刚采摘的猕猴桃内源乙烯含量很低,一般在1 μg以上,并且含量比较稳定。经短期存放后迅速增加到5 μg左右,呼吸高峰时达到100 μg以上。与苹果相比,猕猴桃的乙烯释放量是比较低的,但对乙烯的敏感性却远高于苹果,即使有微量的乙烯存在,也足以提高其呼吸水平,加速呼吸跃变进程,促进果实的成熟软化。周至县制冷气调工程学会在大帐气调冷库,连续三个储藏年度,对10个气帐内猕猴桃控住乙烯的生成,明显地延迟了果实的后熟和衰老,延长了其货架寿命和保持了好的质量。

一、猕猴桃果实呼吸作用及其与贮藏的关系

呼吸是猕猴桃果实进行生命活动的主要标志,它在表面上是一个吸收氧气、放出二氧化碳的过程,而内部是果实的营养物质如糖、有机酸、淀粉、蛋白质和脂肪等在一系列酶的催化作用下,分解成简单物质并释放能量的过程。如果呼吸作用停止,猕猴桃果实得不到维持生命活动所需的能量,就会死亡、腐烂。因此,在猕猴桃果实的生命周期中,必须保证正常的呼吸。同时,猕猴桃呼吸作用也有其不利的一面。首先是呼吸作用要消耗果实积累的营养物质,使果实的营养下降,风味变淡;其次是呼吸作用释放出来的,呼吸产生的这部分热量叫做呼吸热。呼吸热会使猕猴桃果实自身和周围环境温度升高,因而又促进呼吸作用,导致果实内部的有机物消耗更快,使品的贮藏期缩短。因此,控制猕猴桃果实的呼吸作用是做好其贮藏保鲜的主要工作之一,要维持猕猴桃果实正常的呼吸代谢,以获取能量供果实的生命活动之需要,又要将呼吸作用降到最低点,以减少呼吸对果实营养的消耗。呼吸作用的强弱常用呼吸强度来表示,它是指每小时每千克果实呼吸放出的二氧化碳或吸收的氧气的毫克数,呼吸强度大说明呼吸作用旺盛,果实的营养消耗多,成熟衰老快,贮藏保鲜期短。

二、猕猴桃果实呼吸方式,有氧呼吸和无氧呼吸

猕猴桃果实的呼吸作用分有氧呼吸和无氧呼吸。当贮藏环境的氧气含量充足时,果实吸收氧气将呼吸底物如糖和有机酸等完全分解,释放出二氧化碳,同时生成水、能量和热量,这种呼吸方式叫做有氧呼吸。在正常状态下,猕猴桃果实的呼吸方式是有氧呼吸。在缺氧状态下,果实得不到呼吸所需要的氧气,呼吸底物不能完全氧化分解,呼吸产物不是二氧化碳,而是生成乙醇、乙醛等物质,这种呼吸方式称为无氧呼吸。无氧呼吸时对果实的营养消耗更快,生成的乙醇、乙醛等产物积累在果实内,对果实有毒副作用。因而在猕猴桃果实贮藏时既要降低有氧呼吸,更要避免无氧呼吸。

三、猕猴桃果实呼吸跃变现象

在生命过程中的不同阶段,果实的呼吸强度是不同的。幼果期果实的生命活动最旺盛,呼吸强度最高,随着果实的生长发育,呼吸强度逐渐降低,在成熟衰老阶段进一步降低。但猕猴桃在成熟衰老过程中,其呼吸作用会出现反弹现象,即在猕猴桃果实的生命活动后期,猕猴桃果实的呼吸强度呈现突然的上升,然后再下降,出现了一个小的呼吸高峰,这种现象叫做果实的呼吸跃变。猕猴桃属跃变型果实。呼吸跃变现象往往被认为是果实由完全成熟转向衰老的标志。有些学者将呼吸跃变描述为:呼吸跃变是一些果实个体发育中的一个临界期,它标志着果实从生长到衰老的转折,这是一系列的生熟。因此,从猕猴桃贮藏保鲜的角度讲,呼吸跃变出现得越早,跃变峰值越高,也就越不利于贮藏。

四、影响猕猴桃呼吸作用的因素

果实呼吸作用的强弱既与自身的遗传特性有关,又与果实所

处的环境条件有关。不同品种猕猴桃果实的呼吸强度不同。猕猴桃果实的呼吸强度还与成熟度有关,幼果期果实的呼吸强度最大,经过充分生长发育的果实,在生长末期果实已基本长成,呼吸强度明显下降,此时采收有利于贮藏保鲜。温度是影响猕猴桃呼吸作用的最主要的环境条件,在一定温度范围内(如 0~35℃),环境的温度越低,果实的呼吸强度越小,低温还能延迟跃变型果实呼吸高峰的出现时间,也使呼吸峰值降低。猕猴桃贮藏环境的气体成分对呼吸作用也有明显的影响,降低氧气浓度、提高二氧化碳浓度可使得果实的呼吸作用降低,但不同品种的猕猴桃果实对低氧和高二氧化碳都有一个适应范围,氧气并非越低越好,二氧化碳并非越高越好。当猕猴桃果实受到外界因素的伤害时,如碰伤、挤压或摩擦伤、虫伤及微生物侵染等,果实的呼吸作用都会增强。此外,猕猴桃果实的呼吸作用还与植物生长调节剂有关,乙烯和脱落酸类激素使果实的呼吸加强。

1. 猕猴桃果实的水分变化

(1) 猕猴桃果实的水分含量及其与贮藏保鲜的关系

猕猴桃果实内充足的水分是其进行正常生命活动的保证,果实内的所有化学反应都是在水溶液中进行的,在缺水的状态下,酶的活性受到影响,细胞内物质的运输和交换少,化学反应也会受到影响。果实失水到一定程度后会加速呼吸,这可能也是果实的一种自我保卫反映。果实严重失水时,生命活动无法进行,导致果实死亡。

一般当猕猴桃鲜果失水达5%时,就表现出果皮皱缩、萎蔫等症状,降低了果实的品质和商品价值。因此,控制猕猴桃果实采收后水分的蒸发对于做好贮藏保鲜工作是极其重要的。

(2) 影响猕猴桃果实失水的因素

影响猕猴桃果实失水的因素很多,既与果实自身的因素有关,也与果实所处的环境条件有关。猕猴桃果实的失水快慢还与果实的大小有关,一般小果比大果失水快。影响猕猴桃果实失水环境因素主要有温度、湿度、空气(风)流动速度、光照、大气压等。温度高、湿度低(干燥)、空气流动快(风大)、太阳晒等都会加速果实的失水。

2. 猕猴桃果实乙烯的变化

乙烯是一种极其重要的与果实成熟衰老有关的激素,它能促进果实的呼吸作用,加速果实内物质的分解,加快果实的衰老速度。果实内乙烯生成量的增加是果实成熟的重要标志。在猕猴桃贮藏保鲜过程中一定要严格控制乙烯的含量。

第二节 猕猴桃果品采后的生理特性

猕猴桃属典型的呼吸跃变型果实,对乙烯反应非常敏感,在贮藏期间,原果胶容易转化为水溶性果胶,导致果实早期软化。猕猴桃在常温下只能存放7~10天,即是在冷库内贮藏,如果技术不当,贮期也很短。我们经过十多年猕猴桃贮藏保鲜技术研究,采取低温、限气、保鲜剂联用技术,通过采前、采中、采后综合措施,15个操作工序,在小型简易降温库贮藏猕猴桃,贮期达到180天以上,且果脐绿色,果实新鲜,口感俱佳,果实硬度、好果率、维生素C保存率等指标良好。

第三节 猕猴桃果品贮藏保鲜的特点

一、猕猴桃的贮藏特性

猕猴桃虽然果实小且外表粗糙,但是营养丰富。优良品种的果实含可溶性固形物10%~18%,其中70%糖类(即含糖量8%~14%,一向在10%左右)主要是葡萄糖和果糖;总酸含量为1.4%~2.2%,一般为1.8%,主要是柠檬酸,其次是苹果酸,也有少量的酒石酸;含蛋白质1.6%,并含有单宁及钙、磷、钾、铁等矿

第二章 猕猴桃果品的生理特性

质营养和多种维生素,尤其是维生素 C 的含量远远超过柑橘、苹果和梨。

猕猴桃果汁多,并含有芳香气味,营养丰富。据分析,每百克果实的可食部分含蛋白质 1.06 g,糖 11 g,脂肪 0.3 g,钙 40 mg,磷 25 mg,钾 320 mg,铁 0.4 mg,胡萝卜素 4.77 mg,维生素 C 125~415 mg。维生素 C 的含量比柑橘、桃子、苹果、梨等都高,与枣子相差不多。

猕猴桃果实不但可以鲜食,而且可以制成儿童食品、疗养食品、旅游食品和普通食品等。同时亦可加工成果汁、果酱、果脯、蜜饯、沙司等各种饮料和副食品。

猕猴桃属呼吸跃变型果实,并且呼吸强度大,是苹果的几倍。由于猕猴桃的这一生理特性,所以贮藏用猕猴桃应在呼吸高峰出现之前采收,采后必须尽快入库,温度快速降至 0~2 ℃,以延长贮藏寿命。

猕猴桃对乙烯非常敏感,贮藏环境中 0.1 ppm 的乙烯也会引起呼吸强度增大,应避免猕猴桃与其他货物混存,避免病、虫、伤果入库,因为病、虫、伤果会刺激自身的呼吸,产生较多的的乙烯,会因互感作用,影响整库果实的贮藏寿命。在贮藏过程中需及时挑捡出已提前软化的果实,以减少对其他果实的影响。另外采用乙烯吸附剂,乙烯脱除器官脱除乙烯是猕猴桃贮藏的必要措施。

采收和贮藏后的猕猴桃果实,必须经催熟才能食用,可食成熟度的指标为:硬度为 $0.5~1.0$ kg/cm^2,可溶性固形物约 14%以上。

第四节 猕猴桃果实贮藏期间的生理特性

一、果实软化

由于生理特性导致猕猴桃采后极易变软。贮藏保鲜过程中只要管理稍有失误,就会发生整库软化,造成严重的经济损失,有关研究表明,猕猴桃果实采后置于20℃条件下,从采收当天算起,到采后7天果实硬度下降很快,平均每天的硬度下降速率为6%;7天至25天果实硬度损失率相对变得缓慢,果实观察结果发现,贮藏前期果实硬度下降很快、后期果实硬度下降缓收。

二、乙烯合成

猕猴桃采后乙烯生成量超过0.1的临界值后急剧增加,秦美猕猴桃贮藏约20天后乙烯释放量达到了高峰,有关报道表明,在0℃条件下,猕猴桃成熟软化的乙烯阈值仅为30,在乙烯浓度极低的0.01时对猕猴桃就有催熟作用。因此,猕猴桃果实在贮藏保鲜时清除乙烯,抑制乙烯浓度非常关键。

三、果实失水

猕猴桃果实含水量高,正常蒸腾生理消耗的水分是果实细胞纤维之间游离水分子。果实失水后,既加速了后熟软化,又降低了果实的商品价值,果实失水率为5%,贮藏果实表面萎蔫,果皮皱缩,失去光泽,果肉泛黄。因此,一定要在相对湿度较高的贮藏环境中,才能防止果实失水,所以,猕猴桃果实贮藏保持较高湿度十分重要。

四、猕猴桃采收前后的生理变化

猕猴桃果实采摘后,虽然脱离了树体,但仍然是一个有生命的活体,开始了一个新的生理生化过程。果实贮藏在能够抑制其维持正常生命呼吸代谢的环境里,因而缓收延长了果实后熟衰老的时间。

中国林业科学院王贵禧博士在研究了猕猴桃软化过程后认

为,猕猴桃在贮藏期的成熟过程受其特定基因的调控,并通过酶予以表达,这种酶称为"阶段性专一酶"(SSE)。他通过大量的科学实验,找出了猕猴桃果实软化的关健SSE,并试图从调控贮藏环境着手控制SSE,从而调节果实软化进程,达到延长贮藏期的目的。

猕猴桃属跃变型果实,科研人员根据国内外果品贮藏保鲜专家、学者研究跃变型果实呼吸变化的图文定量分析资料,结合美味猕猴桃"秦美"、"海沃德"果实贮藏测定的工艺参数和气流法测定的不同生长发育阶段果实呼吸强度,用坐标作图法,描绘猕猴桃果实坐果、生长、成熟、后熟、衰老呼吸漂移模拟示意图(如图2-1)。

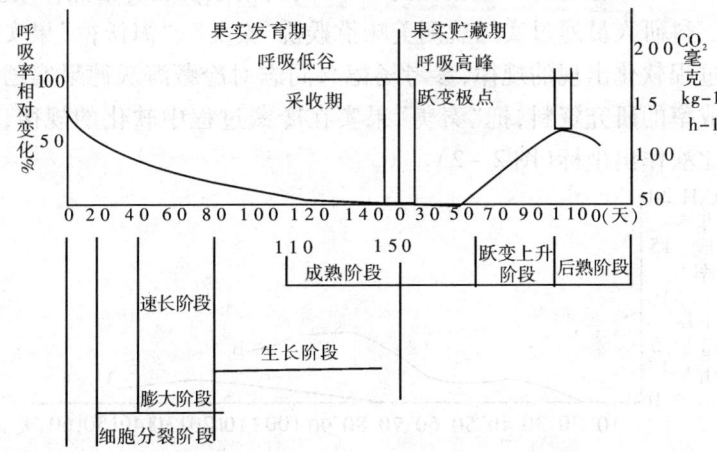

图2-1 猕猴桃果实坐果、生长、成熟、衰老呼吸漂移模拟示意图

图2-1曲线描绘猕猴桃在树体上坐果、生长、成熟和采收以后在贮藏过程的后熟与果实呼吸率相对变化的动态关系。了解这个变化规律对贮藏保鲜果实十分重要,对正确地确定采收期和贮藏保鲜调控管理都具有科学的指导意义。

五、采后猕猴桃果实内源乙烯的生成

猕猴桃果实采后成熟及果实生理变化生成乙烯,称为内源乙烯。果实采收后生理上包含着一系列复杂的生物生化变化,在猕猴桃果实采后软化过程中,多糖类物质如淀粉、果胶和纤维素会发生明显的降解,因此,引起多糖类物质水解果实软的有关水解酶活性的变化可能与果实软化有关。猕猴桃对乙烯十分敏感,果实释放内源乙烯后加速软化,因此乙烯形成酶(EFE)的活性变化对果实软化起着重要作用。贮藏初期果实中内源乙烯生成浓度极低,果实硬度没有什么变化,贮藏中期果实中乙烯生成有一个较长时间的稳步上升阶段,果实跃变极点,呼吸高峰过后,内源乙烯生成稍有下降。据有关报道,在0℃条件下,猕猴桃成熟软化的乙烯阈值仅为30,在乙烯浓度极低的0.01时对猕猴桃就有催熟作用。

科研人员通过实际观测美味猕猴桃"秦美"、"海沃德"果实贮藏过程软化出现的规律,参考杨德兴同志对冷藏海沃德果实乙烯生成率的研究资料,把"秦美"果实在冷藏过程中软化的规律,用对比法作出坐标(图2-2)。

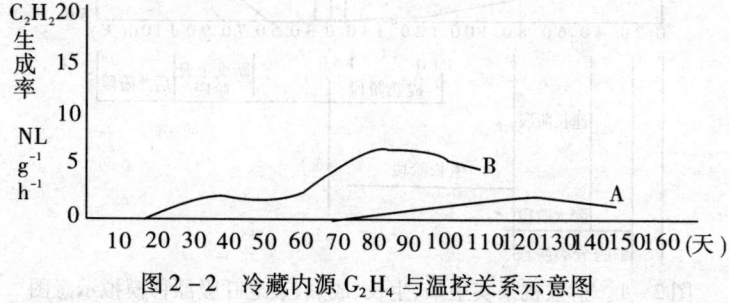

图2-2 冷藏内源G_2H_4与温控关系示意图

猕猴桃果实硬度与贮藏温度有着直接的关系,因为温度高低影响着呼吸强度的高低。特别值得注意的是采收后的果实必须及时贮藏在适合的温度下,才能保持其硬度,图2-2中的A曲线是严格按照预冷温度,可变低温贮藏温度调控管理,果实贮藏闯过两个软化发作期。可以预判断贮藏取得理想效果,一般果实贮藏3~4个,好果率可达95%~98%。图2-2中的B曲线是贮藏果实没有预冷,温度调控失误,果实贮藏40天就严重软化,必须出

第二章 猕猴桃果品的生理特性

售,否则损失严重。

六、采后猕猴桃果实的蒸腾脱水

猕猴桃果实采摘脱离植株后,就会在温湿度情况下蒸腾脱水,而果实贮藏保鲜的目的,从一个角度来理解,也可以认为是"保水",猕猴桃一但水分散失越多,鲜度就会降低较多,通常当猕猴桃果实的水分散失量大于5%时,就会表现出明显的萎蔫皱缩、酸甜度变差、品质风味变劣的现象。

第三章 影响猕猴桃贮藏保鲜的因素

第一节 影响猕猴桃贮藏保鲜的内在因素

一、种类和品种

实验证明,种类和品种不同的猕猴桃果实,它们的贮藏性能也不相同,这是由它们的遗传性差异所决定的。同一种类不同品种的果实,由于其组织结构、生理生化特性、成熟收获时期不同,构成了它们耐贮性的差异,一般来说,晚熟品种要比早熟品种耐贮藏。

果实的耐贮性在很大程度上取决于种类和品种的遗传性。因此,要贮藏好猕猴桃,首先必须选择耐贮藏的猕猴桃品种。如有人在0℃时对"翠香"、"布鲁诺"和"海沃德"三个品种的果实进行贮藏试验,其贮藏天数分别为62天、95天、125天。由此证明不同品种果实耐贮性不同。

二、树龄与果实的成熟度

幼龄树的生长比较旺盛,结果数量偏少,果实体积大而不规则,组织疏松,导致果实中氮多钙少,即氮钙比偏大,故果实在贮藏期间的呼吸强度大,衰老快。

老龄树由于其生长发育已开始退化衰变,即根的呼吸营养的能力变小,叶的光合作用能力降低,因而,果实中干物质含量少,品质和耐贮藏性都会变差。

未成熟的猕猴桃果实,它们的组织结构还未发育完整,组织内细胞间隙比较大,便于气体交换,促进呼吸,体内干物质积累不足,对于猕猴桃的贮藏会带来不良影响。随着猕猴桃的发育成熟,干物质的积累不断增加,新陈代谢强度相应降低,表皮组织变厚,增强了果实的生物学保护功能,将会抑制呼吸代谢、蒸腾、病菌感染等不利因素,有利于猕猴桃果实的贮藏,因此,必须严格掌握果实的生理成熟期和工艺成熟期。猕猴桃的贮藏工艺成熟期应在生理成熟期的前 10~15 天,这时果实不再长大,重量不再增加,只是内部产生复杂的生化变化以改变果实的色、香、味等。当猕猴桃一旦达到生理成熟期,其贮藏潜力已经不大,采果时应慎重判断。果实的成熟可由以下方面判断。

1. **可溶性糖含量增多**

在未成熟的果实中贮存着许多淀粉,所以早期果实无甜味。到成熟后期,呼吸高峰出现后,淀粉转变为可溶性糖。糖分就积累在果实细胞的液泡中,淀粉含量越来越少,还原糖、蔗糖等可溶性糖含量则迅速增多。

2. **酸味减少**

未成熟的猕猴桃果实中,在果肉细胞中积累了很多有机酸,猕猴桃果实成熟时可溶性固形物含量应在 6.5% 以上。所以有酸味。在成熟过程中,多数果实有机酸含量下降,因为有些有机酸转变为糖,另有些则由呼吸作用氧化成 CO_2 和 H_2O,有些则被 K^+、Ca^{2+} 等中和,所以成熟果实中酸味下降,甜味增加。

3. **香味产生**

果实成熟时产生一些具有香味的物质,这些物质主要是酯类,包括脂肪族的酯和芳香族的酯。另外,还有一些特殊的醛类等。

4. **由硬变软**

果实成熟过程中由硬变软,与果肉细胞中层的果胶质为可溶性的果胶有关,试验指出,随着果实的变软,果肉的可溶性果胶含量相应地增加,中层的果胶质变成果胶后,果肉细胞即相互分离,所以果肉变软。此外,果肉细胞中的淀粉的消失(淀粉转变为可溶性糖)也是果实变软的一个原因。

5. **色泽变深**

猕猴桃果实在成熟时,果皮颜色由绿色逐渐变为深黄色。因为成熟时,果皮中的叶绿素被逐渐破坏。光直接影响色素的合成。

这也说明,为什么果实的向阳部分总是鲜艳一些。在成熟过程中,猕猴桃果实的有机物的变化,明显受到温度的影响,在夏季多雨的条件下,果实中含酸较多,而糖分则相对减少,而在阳光充足、气温及昼夜温差较大的条件下,果实中含酸少而糖分多。猕猴桃在生长后期,遇上连阴雨,造成果实着色度差,有机物特别是糖分含量少,贮藏保鲜难度增大,这是一些冷库贮藏中出现问题的根本原因之一。

果实体积大小同样影响猕猴桃的贮藏性能。大果虽说其商品性好,但是,由于它具有幼龄树果实的特点所以其品质和耐贮性均较差。而小果,由于其具有老龄树果实的特点,其品质和耐贮性也较差。一般地,中等大小或偏大的果实,具有较好的耐贮性。

第二节 影响猕猴桃贮藏保鲜的外在因素

一、温度与光照对猕猴桃耐贮性的影响

温度与光照影响到猕猴桃的生长发育,也影响猕猴桃采后的贮存。

1. 温度

猕猴桃的生长,有一个最适宜的温度,但是,大自然的温度并非始终适宜猕猴桃的生长,不适宜的高温与低温变化,均能影响猕猴桃的生长发育。例如,花期如果遇到低温时,将导致猕猴桃花粉不良,果实贮藏性下降。同样,持续的高温天气,也会影响猕猴桃的耐贮性。

2. 光照

猕猴桃的生理特性也具有"极阳性"的特点。光照不足的猕猴桃果实,其耐贮性也会受到影响。

光照不足,果实内的有机物质,如糖、酸等物质明显减少,其耐贮性也会受到影响。

但是,盛夏光照过强而导致晒伤的猕猴桃果实根本不能贮藏。

3. 水分

土壤中的水分,直接影响猕猴桃果实的品质。尤其是在接近成熟期时,大量浇水虽能增加产量,但是,猕猴桃果实的干物质含量低,呼吸强度大,蒸腾作用快,收获时易损伤,对于猕猴桃果实的贮藏会带来极为不利的影响。因此,猕猴桃在采收前一个月内,切忌大量灌水,否则,会严重影响果实的耐贮性。

4. 肥料

土壤中氮肥既是果树生长必须的营养,又是保证产量的主要元素。但施用氮肥的数量和时间,必须根据果树的需要来决定。施用氮肥过多,果实的颜色差,在贮藏中容易发生生理病害。氮肥过多的果实,呼吸强度也会增大,物质的消耗加快,果实在贮藏中硬度和糖、酸含量下降也快。一般认为适当地施用氮肥而不过量,产量虽比施氮多的低一些,但能保证果实的颜色和硬度等品质,减少腐烂和生理病害的损失。氮的影响也决定与其他元素的相互作用。由于施氮过多和增加果树的营养生长,易引起果实中矿物质的不平衡,导致某些生理病害,或使果实的耐贮性降低。

磷对果实的耐贮性有较大影响,低磷果实的呼吸强度高,冷藏时组织易发生低温崩溃,果肉褐变严重,这是因为当磷不足时,醇、醛、酯等挥发性物质增加的结果。

钾肥能促进花青素的形成,增强果实组织的致密性和含酸量,增大细胞的持水力,部分抵消高氮产生的消极影响。但是过多的施用钾肥,能降低果实对钙的吸收率,导致组织中矿物营养的平衡失调。

钙是植物细胞壁和细胞膜的结构物质,可以保护细胞膜不受破坏,能调节呼吸代谢,抑制成熟衰老,延长猕猴桃的贮藏寿命。

3. 农药与激素

采收前对果树喷洒植物生长调节剂、杀菌剂或其他矿物元素,是果园管理上增强果实耐藏力、防止某些生理病害和真菌病害的辅助措施之一。有的在我国已用于生产,有的还不很普遍,需待进一步探讨。

(1) 化学杀菌剂

果实在贮藏中,真菌引起的腐烂是缩短贮藏寿命、增加损耗的重要原因。要达到长期贮藏的目的,除了做到轻拿轻放,配合适当的贮藏条件和采用适当的管理技术之外,在果实采收时及采收后进行货物果品杀菌处理,也是保证果实贮藏质量、减少损耗的重要措施之一。特别是近些年来,许多高效低毒农药的出现和应用,在减少果实腐烂损失、延长供应期方面,起到了良好的作用。

目前,广泛应用于果实上的杀菌剂有多菌灵(苯并咪唑)、甲基或乙基托布津,莱来特和噻并米唑等。

在果实采收后用某些挥发性药物进行熏蒸,以减少贮藏中腐烂,也是值得注意的方法。

(2) 植物生长调节剂

在猕猴桃中,最常用的是含有细胞分裂素的调节剂,具有明显的增产效果。但是一般地都会影响猕猴桃的贮藏寿命。这是因为这类猕猴桃有催熟作用,可使猕猴桃的成熟期提前 10~15 天,使用浓度愈高效果愈明显,可使果实的有机酸含量和维生素 C 含量下降。这些物质大部分为"苯"类物质及其衍生物或分子结构中含有"苯环",残留到食品中,对人体是有害的。因此,无论是从耐贮性还是从人体健康的角度讲,猕猴桃膨大剂都不能使用。

第三节　采后精细化处理对猕猴桃果品贮藏保鲜的影响

一、猕猴桃的采收

严格掌握果实的生理成熟期和工艺成熟期,猕猴桃的贮藏工艺成熟期应在生理成熟期的前 10~15 天。这时果实不再长大,重量不再增加,只是内部产生复杂的生化变化以改变果实的色、香、味等。当猕猴桃一旦达到生理成熟期,其贮藏潜力已经不大,采果时应慎重判断。

二、果实的生理成熟的判断

1. 香味产生

果实成熟时产生一些具有香味的物质,这些物质主要是指酯类,包括脂肪族的酯和芳香族的酯。另外,还有一些特殊的醛类等。

2. 由硬变软

果实成熟过程中由硬变软,与果肉细胞壁中层的果胶质变为可溶性的果胶有关。试验指出,随着果实的变软,果肉的可溶性果胶含量相应地增加。中层的果胶质变成果胶后,果肉细胞即相互分离,所以果肉变软。此外,果肉细胞中的淀粉粒的消失(淀粉转变为可溶性糖),也是果实变软的一个原因。

3. 色泽变深

猕猴桃果实在成熟时,果皮颜色的绿色逐渐减退。因为成熟时,果皮中的叶绿素被逐渐破坏从而丧失绿色。应该指出,在成熟过程中,猕猴桃果实果肉的有机物的变化,明显受到温度的影响。在夏季多雨的条件下,果实中含酸量较多,而糖分则相对减少,而在阳光充足、气温及昼夜温差较大的条件下,果实中含酸少而糖分多。如果在果实成熟期遇上连阴雨,造成果实着色度差,有机物含量少,贮藏保鲜难度加大,这是一些库在贮藏中出现问题的根本原因,但也有一些库由于挑选严格,操作规范,库管严密,加上使用质量好的保鲜剂,贮藏获得了较理想的保鲜效果。

采果人员必须经过专门训练,指甲剪短磨光,采果时应戴上干净的线手套。轻拿轻放,像对待鸡蛋那样细心,切忌用手指重压、抛掷或滚动,随时将装满的果箱转移到阴凉处待运,避免日晒。

采收时最好将塑料袋预先套在果箱中,在采摘的过程中要严格挑选,做到不合格的果子不进箱。

三、采后的处理对贮藏保鲜的影响

研究表明,猕猴桃的潜伏侵染病害不明显,贮藏过程中出现的腐烂主要是由于机械损伤的伤口感染等原因造成的,因此一般情况下,采后的猕猴桃在入库时不需进行消毒处理。尽管采后浸钙能够提高猕猴桃果实的耐藏性,但是浸钙处理操作比较麻烦,猕猴桃一般不进行浸钙处理。

第四节 储藏条件对猕猴桃果品保鲜的影响

一、温度

温度是影响猕猴桃贮保鲜效果的最主要环境条件,猕猴桃的呼吸作用、营养成分的分解代谢、引起果实腐烂的微生物的活动、果实失水速率等都与温度有关。在保证果实缓慢而正常的生命代谢的前提下,温度愈低,越能延缓果实成熟、衰老的进程,贮藏保鲜期越长。但也不是温度越低越好,在冰点以上的低温时,猕猴桃果实就出现不能正常软化后熟、风味变异等现象,这叫做"冷害"。冷害是果实对不适宜低温的一种反应,在贮藏时要注意避免。如果贮藏温度降到冰点以下,造成果实组织结冰,使果实发生"冻害",从而影响贮藏果品的价值。在贮藏时除了控制适宜的温度外,还要稳定,忽高忽低的温度波动也不利于果品的贮藏。一般情况下,贮藏温度以 0℃ 为中心点进行正负调节。

二、湿度

贮藏环境的温度高低影响猕猴桃果实的水分蒸发,湿度过低,水分蒸发快,会使果实失去新鲜度并导致皱缩,还会加速呼吸等代谢促进衰老。增加湿度的简易方法是洒水并减少通风,在新建的贮藏库内一般都安装加湿器等。湿度过高对贮藏也不利,解决办法是增加通风量或者旋转石灰等吸收过多的水分。猕猴桃贮藏时一般要求环境的相对湿度达到90%左右为宜。

三、气体成分

适当提高贮藏环境的二氧化碳浓度和降低氧气浓度,可有效地抑制猕猴桃果实的呼吸代谢,抑制果胶物质和叶结清素的降解等过程,从而有效地保持果实的质地、色泽、风味和营养等品质,并能抑制病虫害的发生,延长果实的健康状态。猕猴桃果实对低氧要求范围为1%~3%,二氧碳为3%~5%。当氧气浓度较长时间处于1%以下时,猕猴桃果实会发生低氧生理伤害;当二氧化碳浓度较长时间处于8%以上时,猕猴桃果实会出现二氧化碳伤害,二氧化碳气体伤害的果实不能正常后熟。

第五节 冷库管理对猕猴桃贮藏性影响

采取低温气调冷藏可以延长猕猴桃果品货架期寿命。

一、及时预冷

有关专家研究指出,特别是那些果肉组比例中鲜嫩、营养价值和经济价值高,采后寿命短的水果更需要及时预冷。"水果之王"猕猴桃的果实预冷是其贮藏保鲜的重要的技术环节。正确的预冷方法应该是果实采后早入库,要快速预冷,降低果温,进库果实要在12h内降至0℃,采摘果实入库预冷降温0℃应不超过24h。然后,按猕猴桃贮藏保鲜前期适宜低温参数0~1℃运行。果实入库结束后,预冷标准以果实品温下降到0℃为准。注意避免预冷时间不足或者果心温度未降到0℃就罩帐气调。

二、及时杀菌灭害防腐处理

猕猴桃采后贮藏中易受微生物、真菌、霉菌浸染而造成腐烂。控制果实腐烂是贮藏保鲜过程中需要注意的关键技术措施。首先,每批入库果实必须在8h内用防护性杀菌剂氯硝胺(KVNA)、抑菌灵、复方百菌消等及时杀灭寄生在果实表面的病虫害及真菌微生物。入库至贮藏初期应用熏蒸防腐剂、SO_2释放剂、二氧化氯、克霉灵等以气体形式抑制或杀死果实表面的病原微生物。贮藏期间应使用抑菌剂扑霉灵、百可行和扑海因杀菌剂交替20天左右一次。各类药剂均可按说明书科学使用。

三、贮藏关键环节与管理

1. 温度调控管理

稳定的可变低温是猕猴桃贮藏保鲜的首要环境条件。可变低温,是指猕猴桃在贮藏前、中、后期温度要控制在果实冰点温度以上0.5~0.8℃的温度。猕猴桃果实采后生理成熟期有着不同冰点温度。贮藏保鲜温度接近冰点的低温是商业贮藏最佳温度。猕猴桃贮藏前期适宜低温参数-0.8~0.2℃(或-1~0.4℃)。注意:库内温差应小0.5℃。库温波动应小0.5℃。防止果温过低发生冻害造成果实不能食用。

2. 湿度调控管理

猕猴桃果实皮薄,富含水分,表面角质层薄,皮孔多,90%左右的水分从表皮蒸发。因此,猕猴桃贮藏环境相对湿度就尽量处理饱和状态。贮藏前期应将库内相对湿度控制到95%~98%;贮藏中、后期库内相对湿度控制到90%~95%。

3. 气体调控管理

猕猴桃贮藏保鲜专家王贵禧博士推荐适宜秦美猕猴桃长期贮藏的气体指标为$5\% O_2 + (3\% \sim 4\%) CO_2$。

气调贮藏保鲜气体 O_2 和 CO_2 浓度配合低温能更有效地抑制猕猴桃果实呼吸代谢。

采取 O_2 和 CO_2 气体调控,猕猴桃果实罩帐密封后 20~30d,气体指标为 O_2 1.5%~4%,CO_2 4%~6%。低 O_2 能推迟果实呼吸跃变高峰出现,降低呼吸高峰峰值,快速抑制果实采后生化变化等生命活动,以便果实进入低温、低氧、低代谢状态。高 CO_2 能有效地抑制呼吸,减少呼吸消耗,减弱几种酶活性,使果实进入低温、高 CO_2 状态能增硬保色、提高商品果外观品质。

4. 环境净化调控管理

猕猴桃贮藏环境空气要清新无污染。冷库内累积的废气、乙烯、二氧化碳、酯类、醛类等有害气体,必须定期排出,换入库外新鲜空气。果实贮藏初期每周通风换气一次;果实贮藏中、后期每 3~4d 通风换气一次,每次净化库内空气应在早晨冷凉时段进行,净化时间可由各库间实际确定。注意库温波动不能超过 2℃。要严禁酒味和挥发芳香物质带入库内。

第四章 猕猴桃果品贮藏的基本知识

一、猕猴桃呼吸作用的定义、方式及呼吸类型

猕猴桃果品在贮藏中,生命活动的主要再现是呼吸作用。呼吸作用的实质是在一系列专门酶的参与下,经过许多中间反应所进行的一个缓慢的生物氧化—还原过程。呼吸作用就是把细胞组织中复杂的有机物质逐步氧化分解成为简单物质,最后变成二氧化碳和水,同时释放出能量的过程。

猕猴桃果品的呼吸作用分有氧呼吸和缺氧呼吸两种方式。在正常环境中(即氧气充足条件下)所进行的呼吸称为有氧呼吸。体内的糖、酸被充分分解为二氧化碳和水,并释放出热能,可用下式表示:

$$C_6H_{12}O_6 + 6O_2 \longrightarrow 6CO_2 + 6H_2O + 674 \text{千卡}$$

猕猴桃果品在缺氧状态下进行的呼吸称为缺氧呼吸(或无氧呼吸)。在这种状态下,体内的糖、酸,不能充分氧化而生成二氧化碳和酸、醛、酮等中间产物。可用下列方程式表示:

$$C_6H_{12}O_6 \longrightarrow 2CO_2 + 2C_2H_5OH + 28 \text{千卡}$$

有氧呼吸和少量的缺氧呼吸是猕猴桃果品在贮藏期间本身所具有的生理机能。少量的缺氧呼吸也是一种猕猴桃果品适应性的表现,使猕猴桃在暂时缺氧的情况下,仍能维持生命活动。但是长期严重的缺氧呼吸,会破坏猕猴桃果品正常的新陈代谢。

猕猴桃果品的呼吸类型为呼吸跃变型。呼吸跃变型也称呼吸高峰型。此类猕猴桃果品在成熟期出现的呼吸强度上升到最高值,随后就下降。在这种呼吸跃变期,果实的风味品质最好,随后

第四章 猕猴桃果品贮藏的基本知识

变坏。故呼吸跃变期实际是果实从开始成熟向衰老过渡的转折时期。

二、猕猴桃果实田间热和呼吸热的区别

猕猴桃果实采摘前后由于阳光和气温等因素暂蓄于猕猴桃果实体内的热量称之为田间热。猕猴桃果实呼吸作用中释放的能量大部分以热的形式散发出体外,这种热量称为呼吸热。田间热和呼吸热是猕猴桃果实在低温下贮藏时首先应克服的两个热源。两者区别:一是热源不同,田间热源于猕猴桃之外,呼吸热源在猕猴桃之内;二是处理方法不同,对田间热通常采用预贮、预冷的方法,而呼吸热则要从控制呼吸强度、改善贮藏环境两方面入手。

三、影响猕猴桃果实水分损失的因素及防止萎蔫的措施

猕猴桃果实保鲜,在很大程度上可以说是保持水分。猕猴桃果实在贮藏期间发生失水现象,是不可避免的,因为猕猴桃果实的呼吸代谢要消耗部分水分。此外,由于种种因素还造成部分水分蒸发。影响猕猴桃水分损失的内因有猕猴桃组织构造的化学成分,如不同种类和品种、果实成熟程度、果皮厚度、细胞间隙、细胞液浓度等;外部因素如贮藏环境温度、相对湿度、光照、风速等都会影响水分蒸发。

猕猴桃贮藏环境中空气的水蒸气压低于表面水蒸气压时,会引起猕猴桃水分蒸发,使细胞膨压降低,猕猴桃便产生萎蔫现象。一般失水超过5%就显示出失鲜状态,表面皱缩、光泽消退、细胞空隙增多、组织变成海绵状,呈为变软等都易见到这种现象。失水造成猕猴桃外观损坏,品质下降,损耗增加,使正常的呼吸作用受到影响,促进酶的活性,加快了组织衰老,大大削弱了猕猴桃固有的耐藏性和抗病力。因而在猕猴桃保鲜工作中,必须防止过多的水分蒸发,以防猕猴桃失水、皱皮。其办法有:①从加强预冷处理,尽量减少入库后果温和库温"温差",②加强贮藏期温度控制,保

证猕猴桃所需要的适宜相对湿度。③控制好空气,亦可推广塑料薄膜包装技术。

四、贮运期间要防止猕猴桃"发汗"

猕猴桃在贮运中常可见到产品表面有凝结的水珠,这种现象称为"结露"(俗称发汗)。结露为微生物的迅速繁殖和生长创造了有利条件,特别是受机械损伤后的猕猴桃,更易引起腐烂。结露的原因是由于贮藏环境的气温降到露点温度,使过多的水蒸气从空间析出而在物体表面凝成水珠,若温度继续下降到0℃以下就结露。

木箱内套塑料薄膜贮藏的猕猴桃之所以有时结露,是因为堆大,不易通风透气散热。猕猴桃果实体内温度高于表面温度,而库内空气温度也高,贮藏库内这种较温暖的贮藏库内温差不稳定,而突然降低时,也容易发生结露现象。内外温差越大越易结露。

五、猕猴桃的冷害及控制措施

猕猴桃在-3℃以下的低温中表现出生理代谢不适应的现象,称为"冷害"或"低温伤害"。在猕猴桃贮藏中,若温度低于该品种的贮藏适温,就会发生冷害。

猕猴桃受冷害后,组织内变黑、变褐和干缩,外表出现凹陷斑纹,有异味。猕猴桃表皮较薄,在低温下受了冻害,则易出现受冻后硬而不软的现象,并有斑块。

控制措施:第一,变温贮藏。根据不同猕猴桃品种耐受低温的限度和时间,找出最适宜的贮藏温度以避受冷害。第二,温度调节。一般贮藏温度高有利于防止冷害的发生,这是由于水分蒸发减弱的缘故。第三,气体控制。环境气体中氧浓度过高或过低都会影响冷害的发生,为避免冷害,氧浓度以2%~5%为宜。同时,一定浓度的二氧化碳对冷害起抑制作用。

六、贮藏期间要防止猕猴桃发生冻害

猕猴桃因冻结而造成的损害称为冻害。是指在低于猕猴桃冰

点温度下,猕猴桃所产生的生理机能紊乱、组织坏死的现象。

贮藏过程中发生冻害大致有两种情况:一是贮藏环境绝对温度过低;二是由于忽冷忽热,温差太大所致。

果实较长时间置于-3℃～-5℃环境时,就易发生冻害。

冷库风机口没留出适当距离或不加盖苫盖物,是猕猴桃果品受冻的常见原因。为此,在贮藏期间,必须在冷库分机口留出适当的距离或者在距离分机口较近的地方,给猕猴桃果品贮藏箱上加上苫盖物。

七、猕猴桃的成熟与衰老

成熟一般指果实(或蔬菜营养贮藏器官)生长定型,细胞膨大结束,体积和重量基本不再增加,表现出该品种特征的阶段。这个阶段可在树上完成,也可以在贮藏期完成,其时间长短取决于猕猴桃种类品种、栽培和贮藏条件等。

衰老一般指猕猴桃成熟阶段的变化基本结束,组织开始解体,细胞趋向崩溃的阶段。

成熟与衰老是一个连续过渡的过程,它们是生命进程中的不同阶段,两者既有区别,又无绝对的鸿沟,长成的猕猴桃即进入成熟,成熟已孕育着衰老。

八、猕猴桃的后熟作用

猕猴桃采摘后有一个自行完成熟化的过程,这就是"后熟作用"。为了运输或贮藏,有些猕猴桃需要提前采摘。其目的是,通过其自身的后熟作用,延长运贮期。也可根据需要采取措施(如低温,气调等)抑制后熟过程,达到长期贮藏的目的。如果需要提早上市,利用乙烯剂等可促进猕猴桃后熟。有些果实如西洋梨,必须经后熟阶段才能很好食用。一般属于呼吸高峰型的果实具有明显的后熟特征。

九、猕猴桃果品的适时采收要求

1. 成熟度的判断

猕猕桃果实生长发育到什么程度时采收,关系到果实的产量、品质和耐藏性。因此,应准确判断采收期。如果采收过早,果实未充分发育成熟,产量低,品质风味欠佳,不能表现出应有的品种特性,耐藏性也差;采收过晚,果实开始后熟软化,不利于贮藏保鲜,也不利于树体恢复。例如:目前,秦美猕猴桃采收期一般以可溶性固形物在6.5%~7.5%之间最佳,海沃德猕猴桃在6.2%~7.2%之间为好。

2.猕猴桃果实的采收

采收是栽培工作的结束,又是贮藏工作的开始。采收的方法和质量直接决定着果品的质量。

(1)采收时间

用于长途运输或贮藏的猕猴桃果实宜在早上露水干后或在傍晚时进行,这时气温较低,果实温度也低,因而果实的田间热少,便于采后预冷降温。火热的中午及下雨时不要采收。果实采收前两星期不要浇水,以保证果品质量。

(2)采收方法

猕猴桃果实一般都是人工采收。人工采收可以有选择地分批分期进行,应当做到轻拿轻放,避免出现机械损伤。

(3)采收工具

常用的工具有果箱、运输车辆等。采下的果实放在果筐内,为避免碰伤和挤压,果箱内要衬垫一定厚度的柔软物,如纸张等。

十、乙烯对猕猴桃的作用及控制内源乙烯的方法

乙烯是许多猕猴桃正常代谢的产物,生理作用非常显著,只要有千万分之一(0.1 ppm)的量就有明显作用。猕猴桃采收后发生的一系列衰老现象,几乎均与乙烯有关。所以,人们称乙烯是最有效的催熟致衰剂。对跃变型和非跃变型猕猴桃供给外源乙烯,都能刺激呼吸上升,并起到脱涩、脱绿等作用。

控制猕猴桃贮藏中内源乙烯的方法是,首先要选育耐贮藏的

优良品种,其次是利用低温或气调贮藏来抑制乙烯的作用。果实处在2℃以下的环境中,乙烯刺激成熟能力明显减弱,30℃环境下放置乙烯吸收剂,可降低环境中乙烯含量。操作中减少猕猴桃损伤,对控制乙烯伤害更有直接意义。

十一、猕猴桃含钙量与贮藏寿命的关系

钙质与猕猴桃细胞中胶层的果胶酸合成果胶酸钙,对果实的硬度起一定作用,钙可以起保护细胞结构、抑制猕猴桃呼吸的作用,同时还可以减弱猕猴桃因含氮高所带来的不利因素。一般猕猴桃含钙量高的要比含钙量低的呼吸强度低,贮存寿命长。所以人们越来越重视钙元素对猕猴桃品质和耐藏性的影响,采取果树盛花后6~8周喷布钙液和对采后的苹果用氯化钙溶液浸泡,均可达到增加硬度,延长贮存寿命的目的。

十二、贮藏中引起猕猴桃变质的因素

猕猴桃在贮藏过程中必然发生内部营养成分的分解和变化,进而引起猕猴桃色、香、味和营养价值的降低。超过一定期限,致使猕猴桃腐烂而丧失营养价值。这个变化称为猕猴桃变质。

十三、猕猴桃生理病害与病理病害的区别

猕猴桃在生长发育和贮藏过程中,由于正常的生理机制活动受到不适宜的外界条件干扰而产生病害,称为生理病害。如肥料、水分、光照和贮藏环境中的温度、湿度、气体成分等因素,均可造成这类病害。

猕猴桃病理病害是由微生物侵染引起的病害。如苹果、柑桔的炭疽病、蒂腐病、白菜的软腐病等。微生物病菌的侵染在果树、菜园与猕猴桃贮藏库都可发生,只要遇到适宜温度,病菌孢子即生长繁殖,进而为害猕猴桃。

第五章 猕猴桃贮藏保鲜原理及方法

第一节 猕猴桃贮藏保鲜原理

猕猴桃采收之后,虽然离开了植株和土壤,但仍然是个有生命的活体,其活体的实质表现就是通过呼吸作用合成或分解体内积累的一些营养物质,来为延长其生命状态提供能量和消耗。

猕猴桃采收后,贮运过程中的各种代谢活动都是在向衰老、败坏方面变化,这种变化是必然,我们可以通过调控环境条件和其他辅助措施,去减缓这种变化的速度。

贮藏保鲜的基本原理:通过控制影响猕猴桃保鲜的内外因素,使其向有利于保鲜的方向发展,减缓猕猴桃代谢活动和防止病菌的侵染,达到延长猕猴桃保鲜期的目的。

第二节 猕猴桃贮藏保鲜的内外因素及其控制

一、内因:猕猴桃的自身内在品性、质量

猕猴桃自身质量、无伤病是搞好保鲜的基础。基本方法是运输、销售过程中要保持猕猴桃的完整性,切忌造成机械损伤后再采收。

二、外因:采取各种方式抑制衰老,保持新鲜的措施即是外因

贮藏技术是外因,是猕猴桃保鲜的主要手段。具体方法有:清洗消毒、添加保鲜剂、控制好贮藏环境的温度、湿度,调节空气成分比例等。

各种外因的具体指标因猕猴桃种类的不同而不同,如表5-1:

表5-1 猕猴桃贮藏外因指标

温度	各种猕猴桃适贮低温不同,大多适宜0℃左右低温贮藏保鲜;原产热带的猕猴桃,不适宜2℃以上低温贮藏。
湿度	提高贮藏环境湿度,一定要与贮藏温度相配合,低温贮藏才可配以高湿(指90%~95%的相对湿度)。可通过喷洒水汽、放置水盘来增加空气湿度。
空气	环境气体成分:大气一般含氧气21%、氮气78%、二氧化碳0.03%,以及其他一些微量气体。总原则是尽量减少氧气,增加二氧化碳;适宜贮藏空气比例为:氧气3%~5%、二氧化碳4%~7%。可通过通风换气、密封保存等方式来调控气体。

无论采取何种保鲜技术,猕猴桃贮藏寿命都是有限的,只有采前生产栽培与采后保鲜技术相辅相成才能获得最佳贮藏效果。

第三节 猕猴桃贮藏保鲜方法

一、低温冷藏

冷藏是指在低温情况下(以猕猴桃不发生冻害为前提),果品的呼吸将变得很微弱,从而减少了营养物质的消耗,延缓果实衰老以达到保鲜的目的。其优点是投资少,操作简便,比较适合于果农使用,缺点是对库内有害气体及病毒菌的无抑制作用,需加"保鲜剂"和采用通风措施予以补偿。

二、氮气贮藏

氮气贮藏是在果库内充入一定比例的氮气以降低氧气的含量来减弱果品的呼吸,从而达到延缓果实衰老的目的,在普通冷库中使用氮气有一定的效果,但是要严格控制充氮量,防止果品过度缺氧而窒息腐败。

三、简易气调贮藏

气调贮藏是一种由制冷系统、气调系统和保湿系统共同实现的贮藏过程,在监测系统的调控下,使上述系统协调工作,自动调节各项贮藏参数,使其达到最佳值。

四、猕猴桃气调贮藏

气调贮藏简称 CA 贮藏,是人为改变贮藏环境的气体成分的一种贮藏方法。适当地降低氧气浓度和提高二氧化碳的浓度,明显地有利于抑制果品的新陈代谢和微生物的活动,这是气调贮藏的依据。在控制气体成分的同时,保持适宜的低温,可以获得更好的贮藏效果。因此,气调贮藏包含冷藏和气调两层作用。我们所说的气调贮藏则是指在冷藏的基础上,进一步调节气体成分的一种贮藏方式。气调贮藏是机械冷藏之后果品贮藏技术上的又一重大突破。20 世纪 50 年代后,气调贮藏的应用才开始发展,现在气调贮藏的技术和实践已相当成熟,并且成为当今世界上最先进的果品商业贮藏技术。目前全世界在气调贮藏中应用最多的是苹果,其次是猕猴桃、梨和板栗等。目前,气调贮藏技术不仅向其他果品、蔬菜和花卉发展,甚至肉禽产品也开始采用气调贮藏。

气调库的制冷系统和保温系统,与冷库基本一样,因为气调贮藏本身就是在低温基础上进一步调节气体成分的一种方法。因此,气调库必须首先是一座冷库,有良好的制冷设备、加湿设备、隔热保温层、防湿层等。另外,气调核心是气调系统,主要包括制氮机和空压机。空压机为制氮机提供气源,气体经过制氮机处理后,得到一定浓度成品气体,一般氮气在 94%~97%之间,制氮系统图示如图 5-1。

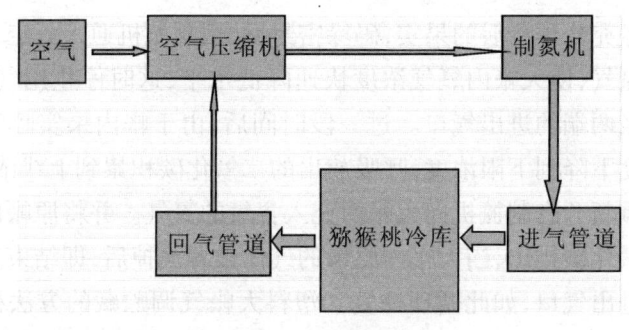

图 5-1　气调系统

五、人工大帐气调贮藏技术

气调贮藏是当前能够在生产中应用的最好的贮藏方式。气调库贮藏可以严格地控制贮藏环境的气体成分,但因建库投资较大,加之管理技术要求较严格,因此,目前在中国尚未大规模推广。塑料薄膜袋或帐自发气调贮藏,不能根据贮藏要求准确地控制气体成分,因而贮藏效果也受到限制。但在中国目前贮藏冷库中应用很普遍,为了使冷藏达到气调贮藏的效果,利用冷藏库大帐人工气调贮藏方式得到了快速的发展。大帐人工气调贮藏就是在普通冷藏库内,将贮藏的果品密封在塑料薄膜制成的塑料大帐中,利用制氮机人工调节大账内的气体成分,达到气调贮藏的目的。这种贮藏方式只需在冷库的基础上添加一部制氮机就可实施,成本增加不多而效果明益。

其具体操作方法是,先在地上垫上一层薄膜,然后在其上放果框,码好果品后用塑料大帐罩住,帐子底下的四边和地层的四边相互叠卷并用砖块或石条压紧。大帐是 0.1~0.2 mm 厚的聚乙烯或聚氯乙烯做成,帐的大小可以根据需要来制作,一般每帐装 5 吨左右果品。大帐多做成长方形,在帐的两端各设置一进气袖口,供气体调节之用,在大帐上还应设有供取分析气样用的取气孔。

经充分预冷后的果实,码垛密封后,用制氮机通入一定量的氧气和氮气,使大帐内氧气浓度快速降低水平,这时停止用气,并扎紧大帐两端的进出气口。过一段时间后,由于帐内果实呼吸使氧气浓度下降到下限浓度,呼吸放出的二氧化碳积累到上线浓度时,就要重新开启制氮机向大帐内充入含氧的氮气。并将原帐内过高的二氧化碳排出,当大帐内原来的气体被置换掉后,即结束充气并扎紧进出气口,如此循环往复。塑料大帐气调贮藏的方法机动灵活、管理操作简单,可以在普通冷库中使用而不需要另建投资较高的气调库,也能取得较好的贮藏的效果。这一方法在国内已被较多的使用。

第六章　目前常用中、小型猕猴桃冷库的修建及调试

第六章　常用中、小型猕猴桃冷库的修建及调试

第一节　中、小型冷库的分类

常用的中、小猕猴桃冷库一般分为室内型和室外型两种。

冷库外的环境温度及湿度：温度为＋35℃；相对湿度为80%。

冷库内设定温度。保鲜冷库：＋5～－5℃；冷藏冷库：－5～20℃。

进冷库食品温度：L级冷库：＋30℃；D级冷库：＋15℃。

装配式冷库的堆货有效容积为总容积的69%左右，贮存猕猴桃时再乘以0.8的修正系数。

每天进货量为冷库有效容积的8%～10%。

第二节　中、小型冷库的库体

一般以喷塑彩钢板做面板，硬质聚氨酯泡沫塑料或高密度聚苯乙烯做保温料，库体具有刚性好、强度高、隔热保温性能好、阻燃等特点。小型冷库库体一般采用板壁内部预埋件偏心挂钩式连接或现场发泡固合，密封性好，装拆搬运方便，现场施工安装工程量小、省工省力、质量好、见效快。小型冷库选配先进的制冷机组，库容量与制冷设备匹配合理，降温速度快，省电节能，且全部自动化操作，运作安全可靠。小型装配式冷库适用广泛，冷库库温范围5～23℃，特殊装配式冷库可达－30℃以下，可满足不同用途的需求，适用于各种行业使用。

第三节　中、小型冷库制冷设备选用

小型冷库制冷设备的心脏是制冷机组,常用小型制冷机组通用的机型选用先进的氟机制冷设备,氟机制冷设备多利用对环境影响小的制冷剂 R22 和其他新型制冷剂。氟机制冷设备一般体积小、噪音小、安全可靠、自动化程度高,适用范围广,适于乡村小型冷库用制冷设备。

小型冷库用的制冷机与冷凝器等设备组合在一起常称作制冷机组,制冷机组有水冷机组和风冷机组之分。小型冷库以风冷机组为首选形式,它有简单、紧凑、易安装,操作方便、附属设备少等优点,这种制冷设备也是较常见的。

制冷机组的制冷机是制冷设备的心脏,常见的压缩式制冷机有开放式、半封闭式和全封闭式之分。全封闭式压缩机体积小、噪音低、耗电少、高效节能。它是小型冷库的首选机型,由全封闭式压缩机为主组成的风冷式制冷机组,可以做成像分体空调那样的形式,在墙壁上挂装。

现在市场上比较好的全封闭制冷压缩机,以发达国家进口或中外合资的制冷设备产品质量比较可靠,但价格相对于国产机要偏高50%以上,比较适合城镇小型冷库用制冷设备。

第四节　中、小型冷库设计要点

冷库库温是0℃以下(-16℃)的小型装配式冷库需在地面上(库板下)设10#槽钢架空,使之自然通风即可。小型冷库库内温度5～-25℃,冷库库板都可以直接跟地面接触,但是地面要平整。如果要求高点,那可以在冷库下面放置木条,架空来增强通风;也可以在冷库下面放置槽钢来增强通风。

第五节　中、小型冷库工程设计安装建议

近年来,冷库工程建设的发展越来越快,大家对冷库的认识也越来越深入,从建筑材料到各种冷库设备的选择日趋成熟。冷库工程常见的建筑方式主要有两种,一种是装配式冷库工程,一种是土建冷库工程。

目前装配式冷库多选择聚氨酯库体:就是冷库库板以聚氨酯硬质泡沫塑料(PU)为夹心,以涂塑钢板等金属材料为面层,将冷库库板材料优越的保温隔热性能和良好的机械强度结合在一起。具有保温隔热年限长,维护简单,费用低以及高强质轻等特点,是冷库保温库板选择的最佳材料之一,冷库库板厚度一般有 150 mm 和 100 mm 两种。

冷库工程制冷设备的选择多数用氟里昂制冷机组,大型冷库多用水冷机组,小型冷库用风冷机组。目前进口的德国 Bitzer 冷库制冷机组和法国美优乐机组,运行平稳能耗低,故障发生率低,是目前冷库首选机组。

冷库制冷设备是否配置合理很重要。这是因为匹配合理、性能可靠的制冷机组,既能满足产品所要求的冷库制冷量和冷库贮藏工艺要求,又节省能源,故障率低。现在有些想建冷库的企业和个人,一味追求低价格,忽略了冷库设备配置匹配是否合理,导致使用后达不到制冷效果。合理设置匹配冷库工程制冷设备,建冷库时可能会增加投资,但从长远来看却省了不少钱和力。

第六节　冷库的结构特点和技术参数

结构特点:组合拼装式储藏库、冷藏库、冷冻库、双温库、低温库、室外大型库,是目前最为先进的制冷技术和保温板制造技术,采用先进工艺制成复合保温板,其重量轻,强度高,隔热性能好,耐

腐蚀、抗老化。冷库的主要部件均选用知名品牌,这些都确保了冷库的配置合理、运行平稳、保温性能好、低耗高能。冷库的电控制部分采用电脑全自动控制,液晶显示库内温度、开机时间、化箱时间、风机延时时间、报警指示和各项技术参数。操作简单,用户使用非常方便。冷库的外形尺寸、库温、机组的安放位置、库门的开启、库内的布置等,所有这些都可根据用户的具体要求设计定做。最大限度的满足用户的需要。

第七节 制冷设备安装工程施工及验收规范

一、总 则

1.1 为了保证制冷设备安装工程施工的质量,特制定本规范。

1.2 本规范适用于制冷机组、制冷压缩机和附属设备,以及活塞式、螺杆式、离心式、吸收式,蒸汽喷射式等制冷设备安装工程的施工及验收。

制冷设备安装工程施工及难民的通用技术要求,应按国家标准《机械设备安装工程施工及验收规范》T231(一)-75通用规定执行。

现场组装的活塞式制冷压缩机和化工工艺采用的大型离心式制冷压缩机的安装应按国家标准(机械设备安装工程施工及验收规范,TJ231(五)-78中的有关规定执行。

1.3 制冷设备的拆卸和清先,应符合下列要求:

(1)对于制冷机组、整体安装的制冷压缩机及吸收式制冷设备,一般应进行外表清洗并检查机组内的真空情况(或充气内压状况),符合有关文件规定的设备,其内部零件可不拆洗,但如超过保险期或有明显缺陷时,也应进行清洗;

(2)对于现场组装的各种型号的制冷设备,安装前应把主机零部件、附属设备和管道进行清洗。清洗后应将清洗剂和水分除净并应检查零部件表面有无损伤及缺陷,合格后应在表面涂上一层冷冻机油。

1.4 安装制冷设备时,要现场配制的零部件,严禁采用铜和铜合金材料。

1.5 制冷设备的安装,必须采用专用制冷阀门和仪表,制冷设备的螺纹接头等处的密封材料,应选用耐油石棉胶板、聚四氟乙烯膜带、甘油一氧化铝或氯丁橡胶密封液等。

1.6 制冷制备管道的焊接,应符合现行国家标准《现场设备、工业管道焊接工程施工及验收规范》的有关规定。

1.7 制冷设备的安装,应符合现行的有关设备工程设计规范和设备技术文件的要求。

二、制冷机组的安装及试运转

2.1 制冷机组系指包括压缩机、电动机及其成套附属设备在内的整体式或组装式制冷装置。

2.2 制冷机组应在底座的基准面上找正、找平。

2.3 制冷机组的自控元件、安全保护继电器、电器仪表的接线和管道连接应正确。

2.4 制造厂出厂但未充灌制冷剂的制冷机组,应按有关的设备技术文件的规定充灌制冷剂;设备技术文件上没有规定的应按以下的顺序进行充灌。

(1)气密性试验;

(2)采用真空泵将系统抽至剩余压力小于5.3332千帕;

(3)充罐制冷剂并检漏。

2.5 制冷机组的气密性试验,应符合下列要求:

(1)区别试验压力为高低压系统有困难时,可统一按低压系统试验压力进行系统气密性试验;

(2)在规定压力下保持24小时,然后充气6小时后开始记录压力表读数,再经18小时,其压力不应超过按下式计算的计算值。

如超过计算值,应进行检漏,查明后消除泄漏,并应重新试验,直至合格。

第八节 农机制冷系统

狝猴桃贮藏保鲜冷库中最重要最核心的是制冷系统,因为制冷系统的制冷量匹配合理直接影响贮藏库内温度工艺参数值。果品贮藏保鲜专家试验表明,贮藏保鲜所有措施中,温度可占70%以上效果。所以冷库制冷量的匹配,与贮藏保鲜冷库的效益有着重要关系。

一、制冷工作原理及工艺流程

机械制冷的工作原理是借助制冷剂(冷煤或制冷工质),在密闭的制冷系统中,压缩机、冷凝器、膨胀阀和蒸发器(冷风机)等设备内进行压缩、放热、节流和吸热四个主要过程进行气—液态互变循环,把贮藏库内的热量传递到库外面使库内温度降低,并不断移去库内热源所产生的热而维持恒定的库温,图6-1为制冷工作原理及工艺流程示意图。

整个制冷系统是一个密闭的循环回路,其中充有制冷剂(冷煤或制冷工质)。制冷压缩机工作时,从压缩机一侧加压而形成高压区,另一侧因有抽吸作用而成为低压区。膨胀阀为高压区与低压区的另一个交界点,从蒸发器进入压缩机的制冷剂为气态,经加压后压力增大,温度升高,此时制冷剂仍为气态。这种高温高压的气体,在蒸发式冷凝器与冷却水(空气)进行热交换,温度下降而液化,仍保持原压力不变。以后,液态的制冷剂通过膨胀阀,因受压缩机的抽吸作用,压力下降,使在蒸发器中气化吸热,温度下降,并与蒸发器库内果实进行热交换而使果实降温,从而达到果实降温的目的。

第六章 目前常用中、小型猕猴桃冷库的修建及调试

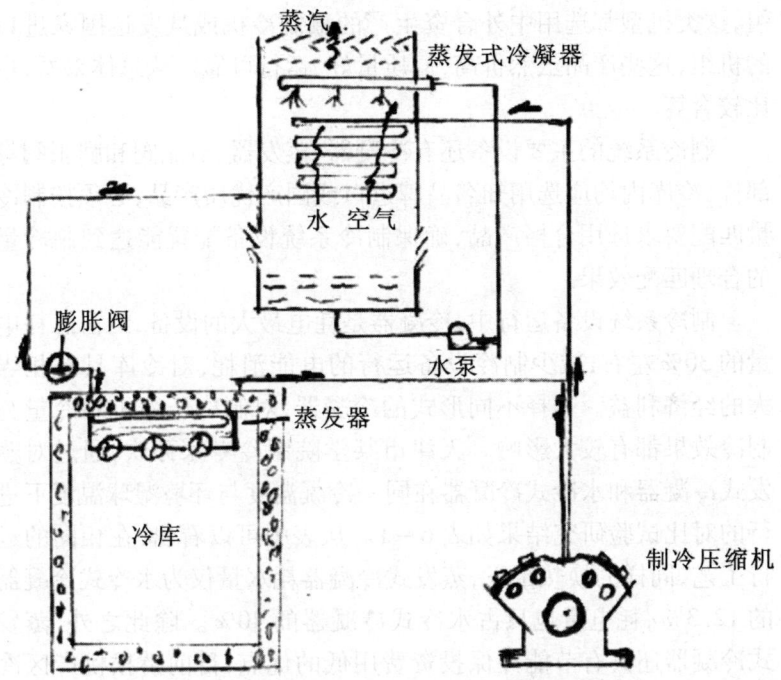

图6-1 制冷工作原理及工艺流程示意图

二、制冷设备与制冷量的合理匹配

制冷系统设计应严格执行《冷库设计规范》(GB500722010)的标准和原商业部设计院编著《冷库制冷设计手册》为依据,并应结合猕猴桃,果实成熟采收期集中,果实采用常温易变软变烂、果实要尽快预冷降温等性能与一般水果对制冷量要求有所不同,制冷量匹配应稍大些,冷凝器型号要选比计算型号偏大。制冷量既要满足果实入贮初的温度调控需要,又要在贮藏全过程节省能耗,达到制冷量合理的运行目的。

猕猴桃贮藏保鲜个性特点形成贮藏冷库规模为中、小型格局,中、小型冷库制冷机组通用的制冷机型,选用先进的氟机制冷压缩机,一般猕猴桃这一高档水果冷库都应选较好的全封闭氟制冷机

组,这类机型都选用中外合资生产的氟制冷机或从发达国家进口的机组,这些产品虽然价高,但质量好、运行可靠。从总体来看,也比较合算。

制冷系统的主要设备还有冷凝器、蒸发器、节流阀和膨胀阀等部件,冷库内均应选用知名品牌进口或国产优质产品,必须按制冷量匹配要求选用合格产品,确保制冷系统设备配置能达到制冷量的合理匹配效果。

制冷系统设备运行中,冷凝器是耗电最大的设备,约占总耗电量的30%左右,减少制冷设备运行的电能消耗,对冷库具有相当大的经济利益。选择不同形式的冷凝器,对制冷压缩机制冷量与制冷效果都有较大影响。天津市某学院制冷专家孙欢,通过对蒸发式冷凝器和水冷式冷凝器在同一冷凝温度与环境湿球温度下进行的对比试验研究结果如表6-1。从表中可以看出,在相同的运行工艺,同样的换热量下,蒸发式冷凝器耗水量仅为水冷式冷凝器的12.3%,耗电量也只占水冷式冷凝器的40%。除此之外,蒸发式冷凝器还具有节能环保投资费用低的优点,目前猕猴桃产区冷库大量选用。

表6-1 蒸发式冷凝器与水冷式冷凝器的选型对比

型号	台数	换热量/KW	耗水量 t/h	总耗电量/kw
蒸发式冷凝器 ZNX-2100	1	2100	130	28
水冷式冷凝器 RC-350	3	2100	1056	69.5

三、制冷系统的管理

冷库效益主要取决于制冷系统的科学化管理,贮藏水果品质关键在于制冷量的调控管理,冷库制冷系统的管理是核心。

1. 制冷设备使用与修理保养

制冷系统应有专职人员管理操作,使用者必须对制冷技术、制冷设备性能、压力容器操作安全知识等认真学习掌握,并要熟悉制

第六章 目前常用中、小型猕猴桃冷库的修建及调试

冷系统工程操作管理规程,敬业、爱岗,自觉养成一丝不苟的精心操作习惯。制冷机组压缩机是心脏,只有使系统中所有辅助设备和部件、阀门、管路畅通运行,才能达到制冷的效果,所以系统的定期检修保养十分重要,一般制冷设备运行达8 000～1 000小时,即应进行大修理;运行3 000～4 000小时应进行中修,运行1 000小时,要进行小修,每年开机前应对系统设备、阀门、管道进行检修保养,确保贮藏期制冷系统的可靠运行。

2. 制冷系统的操作规程

（1）开机前的检查准备工作

开机前要仔细检查:制冷系统设备的电压、电源是否合格,制冷系统各部位阀门、开关位置是否正确,供液阀是否开到一定可调位置,压缩机组高、低压表是否正常指位,观察油境油面是否合格,蒸发器、冷凝器、电脑试运行是否正常,各种测量仪表、仪器是否校对准确,在以上工作合格后方能实施操作管理。

（2）制冷系统的开机操作

首先,启动冷凝器设备,使冷却水系统运行。再启动蒸发器,使冷风机正常运转,然后开启压缩机,选择手动或自动运行状态。

其次,压缩机启动,制冷系统运行正常后,根据贮藏库负荷调整节流阀和膨胀阀,直到调节制冷量符合果实适宜贮期温度后,方可正常运行。

压缩机运行应该没有异常声音,没有过熟现象,没有泄漏等情况。

制冷系统运行中,要经常检查吸入压力（低压）表是否正常读数,蒸发器结霜状态是否正常（雪花粒状等）吸入管路,以及感冷度程度情况,库内温度降速情况等,发现异常及时调整处理。

（3）制冷系统的停车操作

首先关闭制冷压缩机,再关闭蒸发器冷风机停止运转,最后关闭冷凝器,使冷却水系统停止,然后切断电源。必须注意:冬季停

机后，对机组冷凝器要有防冻措施，以免发生冻坏设备事故，冷库贮藏结束长期停机要放净冷凝器等设备内的存水，以免造成不必要的损失。

第七章 目前猕猴桃保鲜贮藏冷库的主要类型及特点

第一节 机械冷库的贮藏

机械冷库贮藏是指应用机械制冷的贮藏方式,简称冷藏,它是在具有良好防热性能的建筑中,借助机械制冷设备系统的作用,将库内的热空气传送到库外,使库内温度降低并保持一定相对湿度的贮藏方式,机械制冷的工作原理是利用制冷剂从液态变为气态时吸收热的特性,使之在封闭的制冷机系统中状态互变,使库内水果的温度下降,并维持恒定的低温条件,达到延缓果品衰老、延长贮藏寿命和保持品质的目的。它不受外界环境条件影响可全年保持低温,并可根据需要调节控制温、湿度及空气流动速度,能较好地控制贮藏品的代谢活动,延长果品贮藏的寿命,提高贮藏质量和效果。机械冷库贮藏起源于19世纪后期,是当今世界上应用最广泛的果品贮藏方式,可根据不同果品对贮藏温度的要求,通过调节机械制冷系统控制库内的温、湿度条件在合理的水平,并可适当加以通风换气。目前世界范围内的机械冷藏库向着操作机械化、规范化,控制精细化、自动化的方向发展。优点是受外界环境影响较小,可终年维持库内需要的低温,库内温度、相对湿度及空气流量都可以控制调节,以适应产品的贮藏;缺点是投资大、贮藏成本高。

一、冷库的类型及特点

机械冷藏库类型多种多样,按冷库的用途可分为生产型冷库、分配型冷库和零售型冷库。按制冷要求不同,分为高温度(0℃左右)和低温度(低于-18℃)两类,用于贮藏果品的冷藏库为高温型冷库。根据贮藏容量大小大致可分为四类:大型10 000吨以上,大中型5 000~10 000吨,中小型1 000~5 000吨,小型1000吨以下,以及贮藏数量更小的微型冷库。按照库体建筑形式可分为土建冷库和装备式冷库。土建冷库的主体结构形式主要有钢筋混泥土无横梁结构(主要用于大中型冷库,库房空间可充分利用,载荷能力大)和钢筋混泥土梁板式结构(多用于小型冷库,施工方便,技术简单,但库容量少,且影响库内空气流通);装备式冷库是在墙及屋顶面采用金属夹心隔热板进行保温隔热,其特点是建库速度快,施工周期短,但一旦停机后,库温回升快。

二、机械冷藏库的结构

机械冷藏库一般由冷冻机房、贮藏库、缓冲间和包装场四部分组成。机械冷库的建筑主体主要由支撑系统、保温系统、防潮系统组成。

冷库的支撑系统:即冷库的骨架,是保温和防潮系统的主体,一般由钢筋、砖、水泥筑成,又分为砖砌结构和架式结构(见图7-1)。冷藏库要具有隔热性、缝隙性、坚固性、防火性、耐水性及抗冻性等特点。果品冷藏库一般维持的温度在-1~13℃左右,而地温经常在10~15℃之间,这就意味着一定的热量可能由地面不断向库内渗透,因此,地板也必须铺设隔热层,通常地板的隔热能力要求相当于5 cm的软木板。地面要有一定的强度承受堆积产品和搬运车辆的重量。采用软木板作隔热材料时,其上下需铺设7~8 cm厚的水泥地面和地基,地基下层铺放煤渣或石子。

第七章 目前猕猴桃保鲜贮藏冷库的主要类型及特点

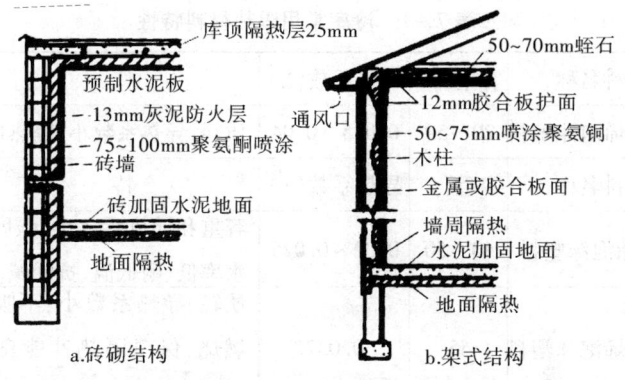

图7-1 果品冷库结构

冷库的保温系统：冷库除了有良好、牢固的库房框架建筑外，还应有保温层，保温层由绝缘材料敷设在库体的内侧面上，形成连续密合的绝热层，起隔绝库内外热的传递作用，保证冷库内的适宜低温。要想达到理起的效果，选择导热系数小、无臭味、不易吸潮、重量轻且价格低廉易得的保温材料就显得非常重要，冷库常用隔热材料特性见表7-1。冷库的六面受外温影响不同，如果冷库顶部隔热层之上加有屋盖，形成一层缓冲空间，隔热层厚度可小一些；长时间受阳光照射的墙面比阴面墙壁的隔热层厚度又需大一些；冷库建筑的地面温度变化也受到地温影响，对隔热层的要求也可灵活处理，注意对墙体、地板、库顶和库门进行保温处理。设计冷库时应根据冷库所处地区的实际情况和具体条件，设计合理的保温层厚度，以保证冷库有效而经济的运转。

绝缘层厚度(cm) = [材料的热导率 × 总暴露面积(m^2) × 库内外最大温差(℃) × 24 × 100] / 全库热源总量(千焦/天)

表7-1 冷库常用隔热材料特性

材料名称	容重(y)	导热系数(λ)	特点
聚苯乙烯泡沫塑料	20~50	0.025~0.04	质轻、导热系数小、隔热性能好
材料名称	容重(y)	导热系数(λ)	特点
聚氨酯泡沫塑料	40~50	0.02~0.025	容重和导热系数小,强度高、吸水率低、耐低温、抗酸碱
聚氯乙烯泡沫塑料	45	0.037	质轻、导热系数小、不吸水、不燃烧、保温隔热性能良好、隔声、防震及耐酸碱、耐油性能好
稻壳	135~160	0.07~0.08	具有较好的隔热性能,价格便宜,取材方便,使用时必须干燥
软木板	150~250	0.045~0.06	抗压强度高,无毒,容重小、导热系数小,富有弹性,不易腐烂
沥青渣棉毡	<120	0.04	绝缘、消音、耐火、导热系热系数小、隔冷热
沥青玻璃棉毡	≤80	0.035	保温绝热的优良性能、降低消除噪音效益高、经久耐用、便于施工安装
矿渣棉	150	0.04	具有绝热、吸声、耐腐蚀、不燃以及价廉、利废节能等特点
加气混凝土	400	0.08	保温隔热、自重轻、强度高、延性好、抗震能力强、耐火、阻燃
泡沫混凝土	<400	0.13	轻量性、抗压性、保温性、隔热性,具有一定的防潮、抗渗性能
膨胀珍珠岩	<80	0.04	容重小、无毒、无刺激、不霉烂、不燃烧、抗冻性好
膨胀珍珠岩	81~150	0.04~0.05	容重小、无毒、无刺激、不霉烂、不燃烧、抗冻性好

续表

	容重(y)	导热系数(λ)	特　点
膨胀珍珠岩	150~250	0.05~0.065	容重小,无毒、无刺激、不霉烂、不燃烧、抗冻性好
材料名称	容重(y)	导热系数(λ)	特　点
沥青膨胀珍珠岩块	300	0.07	容重小,无毒、无刺激、不霉烂、不燃烧、抗冻性好
沥青膨胀珍珠岩现场铺压	160	0.05	宜用机械搅拌
炉渣	<800	0.15~0.20	具有价廉、取材容易

注:导热系数单位:0.163瓦/(米·开);容重单位:kg/m²

冷库的防潮系统:防潮系统和保温系统一同构成冷库的围护结构,主要是由良好的隔潮材料敷设在保温材料周围,形成一个闭合系统,以阻止水汽的渗入。防潮层是冷库结构中另一重要组成部分,缺少防潮层时,冷热空气在隔热层中相遇,达到露点即会凝结水滴,保温材料受潮后,保温性能降低。一般可以在保温层两面加防潮层,也可只做外防潮层。常用沥青、油毡、塑料涂层、塑料薄膜或金属板做成防潮层,这样冷库使用寿命可以得到延长。常用的防潮材料有沥青、油毡和塑料薄膜,沥青、油毡一般采用"一毡二油"或"二毡三油"的铺贴方法,塑料薄膜一般采用0.1 mm厚的抗老化的大棚塑料薄膜。

三、制冷系统

1. 制冷系统的构成及工作原理

机械冷藏库的制冷系统是指由致冷剂和制冷机械组成的一个密闭循环制冷系统。制冷机械是由实现制冷特殊环境所需的各种设备和辅助装置组成,是冷库最重要的设备,由蒸发器、压缩机、冷凝器和调节阀、风扇、导管和仪表等构成;致冷剂在这一密闭系统中重复进行着被压缩、冷凝和蒸发的过程。

蒸发器安装在冷库内,利用鼓风机将冷却的空气吹向库内各部位,大型冷藏库常用风道连接蒸发器,延长送风距离,扩大冷风在库内的分布范围,使库温下降更加均匀。

压缩机是制冷系统的"心脏",推动制冷剂在系统中循环,一般中型冷库压缩机的制冷量大约在 $3\,000 \times 4.184 \sim 5\,000 \times 4.184$ kJ/h 范围内,设计人员将根据冷库容量和产品数量等具体条件进行选择。压缩机的种类和特点见表7-2。

表7-2 常见压缩机的种类和特点

压缩机种类	制冷剂	特点	备注
开启式制冷压缩机	氨 氟利昂	没有封闭机壳,压缩机的曲轴通过轴封装置伸出机体外面,通过联轴器与电机相连,靠轴封防止制冷剂外泄	分为50、70、100、125、170五种基本系列。大中型冷库采用氨制冷机组,同类型号的压缩机采用氨制冷剂的比氟利昂制冷剂的产冷量大,氨制冷剂价格比氟利昂便宜很多
半封闭式制冷压缩机	氟利昂	机体和电动机外壳连成一体,结构紧凑,密封效果好,工作效率高	大都用于中小型冷库
封闭式制压缩机	氟利昂	压缩机和电机直接连接,并一起装在一个密封的壳体内,一般低压回气进入壳体后,先冷却内置电机,而后才被压缩。结构更紧凑,封闭性能最好,价格相对较低	适合小型、微型冷库

第七章　目前猕猴桃保鲜贮藏冷库的主要类型及特点

冷凝器的作用是排除压缩后的气态制冷剂中的热,使其凝结为液态制冷剂。冷凝器有空气冷却、水冷却和空气与水结合的冷却方式(水冷却式冷凝器系统见图 7-2),空气冷却只限于在小型冷库设备中应用,水冷却的冷凝器则可用于所有形式的制冷系统。制冷机组的制冷量可根据对库内温度的监测,采用人工或自动控制系统启动或停止制冷运转,以维持贮藏果品所需的适宜温度。目前有不少冷藏库安装了微机系统,监测和记录库温变化。制冷剂在蒸发器内气化时,温度将达到 0℃以下,与库内湿空气接触,使之达到饱合,在蒸发器外壁凝成冰霜,而冰霜层不利于热的传导,影响降温效果。因此,在冷藏管理工作中,必须及时除去冰霜,即所谓"冲霜"。冲霜可以用冷水喷淋蒸发器,也可以利用吸热后的制冷剂引入蒸发器外盘管中循环流动,使冰霜融化。

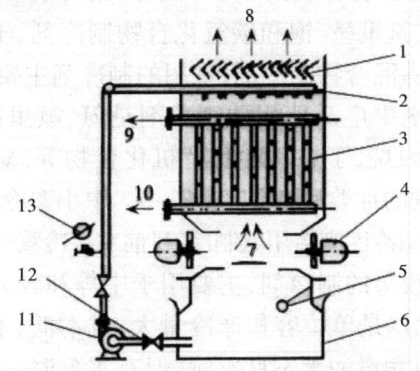

图 7-2 水冷却式冷凝器系统示意图
1. 挡水板　2. 喷水器　3. 换热管组　4. 轴流风机　5. 补充水浮球阀
6. 水箱　7. 进风口　8. 出风口　9. 进气集管　10. 出液集管
11. 环循水管　12. 水量调节阀　13. 水压表

制冷构成循环的四个基本过程是:制冷剂液体在低压(低温)下蒸发,成为低压蒸汽→将该低压蒸汽提高压力成普通高压蒸汽→将高压蒸汽冷凝,使之成为高压液体→高压液体降低压力重新变为低压液体→制冷剂液体在低压(低温)下蒸发,成为低压蒸

汽,从而完成循环制冷系统制冷剂在密封系统中循环,并根据需要控制制冷剂供应量的大小和进入蒸发器的次数,以便获得冷库内适宜的低温条件。制冷系统的大小应根据冷库容量大小和所需制冷量选择,即蒸发器、压缩机和冷凝器等与冷库所需排除的热量相匹配,以满足降温需要。

2. 制冷剂的选择

制冷剂又称制冷工质,是制冷循环的工作介质,利用制冷剂的相变来传递热量,即制冷剂在蒸发器中汽化时吸热,在冷凝器中凝结时放热,只有在工作温度范围内能够汽化和凝结的物质才有可能作为制冷剂使用;制冷剂要具备沸点低、冷凝点低、对金属无腐蚀性、不易燃烧、不爆炸、无毒无味、易于检测和易得价廉等特点;制冷剂有多种分类方式,按照化学成分,制冷剂可分为五类:无机化合物制冷剂、氟里昂、饱和碳氢化合物制冷剂、不饱和碳氢化合物制冷剂和共沸混合物制冷剂,常用的制冷剂主要有氨和氟利昂。在压缩式制冷剂中广泛使用的制冷剂是氨、氟里昂和烃类(主要有甲烷、乙烷、丙烷、丁烷和环状有机化合物等,易燃易爆,安全性差),常用致冷剂的种类和性质见表7-3。中小型冷库一般用氟利昂作为制冷剂,大型冷库则多用氨制冷,目前水果冷藏一般采用氨制冷。

氨是利用较早的制冷剂,主要用于中等和较大能力的压缩冷冻机,其主要优点是单位容积产冷量大、成本低、不与金属及冷藏油反应(纯氨对润滑油无不良影响,但有水分时,会降低冷冻油的润滑作用),热稳定性好。作为制冷剂的氨,要质地纯净,其含水量不超过0.2%,氨的潜热比其他制冷剂高,在0℃时,它的蒸发热是1 260 kJ/kg,二氯二氟的蒸发热是154.9 kJ/kg,氨的比体积较大,10℃时是0.2897 m^2/kg,二氯二氟的比体积仅为0.057 m^2/kg,因此用氨的设备较大,占地较多。氨的缺点是有强烈的刺激臭味、有毒,而且能够燃烧爆炸,泄漏后对人体有伤害。若空气中含有0.5%(体积分数)时,人在其间停留30分钟就会严重中毒,甚至有生命危险,库内泄漏会对果品造成伤害;若空气中含量超过16%时,会发生爆炸并燃烧。氨含水时易腐蚀金属,会腐蚀铜和铜合金(磷青铜除外),故氨制冷系统中对管道及阀件均不采用铜和铜合金。

氟利昂是指氟氯与甲烷的化合物,商品名称为氟利昂,它的应用比氨制冷剂晚60余年,其无毒无味,不燃不爆,稳定性好,但泄漏在空气中超过30%时(体积浓度)会引起人窒息休克。不同的化学组成和结构的氟里昂制冷剂热力性质相差很大,其中以二氯二氟甲烷应用较多,其制冷能力较小,主要用于小型冷冻机。氟利昂的渗透性很强,容易泄露,对设备部件和管道连接处密封要求很高,但比氨制冷剂要安全很多;氟里昂对水的溶解度小,制冷装置中进入水分后会产生酸性物质,并容易造成低温系统的"冰堵",堵塞节流阀或管道。水分还能使氟里昂发生水解而产生酸,使制冷系统内发生"镀铜"现象。另外,要避免氟里昂与天然橡胶起作用,其装置应采用丁晴橡胶作垫片或密封圈。氟里昂制冷剂其致命的缺点,是一种"温度效应气体",温度效应值比二氧化碳大1700倍,更危险的是它会破坏大气层中的臭氧层,最新研究表明,大气臭氧层的破坏与氟利昂对大气的污染有密切关系,许多国家在生产制冷设备时已采用了氟利昂的替代品如溴化锂等制冷剂,以避免或减少对大气臭氧层的破坏,维护人类生存的良好环境。

表7-3 常用致冷剂的种类和性质

名称	沸点(℃)	临界温度(℃)	0℃时汽化热(L/g)
氨(NH_3)	-35.5	132.4	301.6×4.18
二氧化碳(CO_2)	-78.2	31.1	55.0×4.18
二氧化硫(SO_2)	-10.0	157.2	91.3×4.18
氯代甲烷(CH_2Cl)	-23.7	143.1	98.8×4.18
氟里昂(CCl_2F_2)	-30.0	111.5	37.2×4.18

四、猕猴桃果品机械冷藏库的贮藏管理

1. 贮藏前的准备

入库前,首先对冷库和所有的容器集中进行消毒,常用的方法有硫黄熏蒸(10 g/m^3,$12\sim24$ 小时)、福尔马林熏蒸(36% 甲醛 $12\sim15$ ml/m^3,$12\sim24$ 小时)、过氧乙酸熏蒸(26% 过氧乙酸 $5\sim10$ ml/m^3,$12\sim24$ 小时)和 0.2% 过氧乙酸或 $0.3\%\sim0.4\%$ 有效氯漂白粉溶液喷洒或高锰酸钾 0.5% 喷洒等方法,最简单的办法是把冷库密封起来熏硫消毒,具体做法是按每 100 m^3 库容用 1 kg 硫黄加干锯末点燃熏蒸。密封 $2\sim3$ 天后启封排除残毒,然后对冷库进行预冷,轻质库一般预冷 $3\sim5$ 天,土建重质库(夹层墙库)预冷在 7 天以上,即能将库内温度稳定降至 0 ℃ 左右。

2. 猕猴桃果品的入贮和堆放

为保持库温的稳定,产品在入库前应进行预冷处理,未预冷的产品应分批入库,入贮量第一次以不超过该库总量的 $1/5$,以后以 $1/10\sim1/8$ 为好,否则一下子带入太多的田间热,会使库温难以回降。进入冷库的果品应先用适当的容器包装,在库内按一定的方式堆放,尽量避免散贮。堆放的总要求是"三离一隙","三离"指的是离墙、离地面、离天花板,"一隙"是指垛与垛之间及垛内要留有一定的空隙,要求进库的包装容器堆垛合理,货垛应距离墙壁 30 cm 左右,垛与垛之间、垛与各包装容器之间也应留适当的空隙,垛顶与天棚或吊顶冷风筒间应留有约 80 cm 的空间层,若离冷风筒口太近,则易使产品遭受冷害或冻害。

3. 冷藏库温度管理

冷藏库温度管理的原则是适且、稳定、均匀及产品进出库时的合理升降温,特别是有些果品不宜降温速度过快,如鸭梨应采用逐步降温法,一般冷藏果品均应在采后 24 小时之内入库,并在入库后 $3\sim5$ 天将果温(果心温度)降至该品种的最适贮温。温度的监控可采用自动化系统实施,应力求保持库温稳定,且各部位的温度

第七章 目前猕猴桃保鲜贮藏冷库的主要类型及特点

均匀一致,尽量避免温度波动过大及防止过冷或过热的死角,否则会加速果品败坏。另外,许多果品对冷害敏感,要特别注意贮藏温度不能低于冷害温度界限。果品出库前要进行逐步升温处理,升温时维持气温比果品温度高 3~4 ℃直至果品温度与大气温度相差不足 5 ℃,否则易出现出汗现象。

4. 冷藏库湿度管理

冷库要求有稳定和合适的相对湿度,对绝大多数新鲜果品来说,相对湿度应控制在 80%~95%,湿度低时可通过人工加湿的方法即在地面洒水,或在库内喷雾,或在堆垛的表面盖一层湿毛巾被保湿等;有时也会因为果品出入频繁使外界热空气大量进入,引起库内相对湿度偏高,降湿的方法可应用各种吸湿剂或使用除湿机。

5. 库房的通风换气

通风换气即库内外进行气体交换,以降低库内果品呼吸等代谢作用产生的二氧化碳、乙烯、乙醇、乙醛等气体,在库内积累到一定浓度时会导致果品生理失调和品质劣变,必须经过通风换气才能排除,通风换气应在库内外温差最小时段进行。一方面利用通风窗进行,另一方面要选择气温比较低的清晨或夜间,将库门打开,利用排风扇排除,每次 1 小时左右,每间隔数日(初期 1~2 天,中后期 10~15 天)进行一次。雨天、雾天外界湿度过大,不宜通风换气,在通风换气的同时应开动制冷机,以减缓温度和相对湿度的变化。

6. 贮藏产品的检查

对于不耐贮的新鲜果品每间隔 3~5 天检查一次,耐贮性好的可间隔 15 天甚至更长时间检查一次。

第二节 气调贮藏

所谓气调贮藏,是改良贮藏环境气体成分的冷藏方法,是继机械冷藏法之后的又一重大改革,已在世界各国广泛使用,并成为工业发达国家果品保鲜的重要手段,是在传统的冷藏保鲜基础上发展起来的现代化保鲜技术,被认为是当今储存水果效果最好的贮藏方式。1819年是气调贮藏的萌芽的实验研究阶段,法国的Facpues Berard第一次科学地研究了气体对水果成熟的影响,指出降低氧气和升高二氧化碳可有效延缓后熟,此研究引起了科学界的注意。1821年,Berard发现水果在贮藏过程中吸收O_2放出CO_2,降低贮藏环境中的O_2可延长水果的贮藏期,这是气调贮藏最早的理论研究。1860年英国一位学者建立了一座气密性较好的苹果贮藏试验库,库体密封是用钢板做的,用冰进行冷却,库温不超过1℃,效果较好,但这项研究成果当时未被重视,直至1929年和1933年,英国和美国才分别建立了第一座商业上尝试的气调库。1941年,美国发表了公告,提供了气体成分和温度的参考数据,并正式称为气调贮藏。如今,美国和以色列的柑橘总贮藏量的50%以上是气调贮藏,新西兰的苹果和猕猴桃气调贮藏量为总贮藏量的30%以上,英国的气调贮藏能力为22.3万吨,法国、意大利、荷兰、瑞士、德国等国也在大力发展气调技术,气调苹果平均达到苹果总产量的50%~70%。我国气调贮藏始于20世纪70年代,1978年在北京建成第一座50吨的实验性CA气调库,MA贮藏发展早一些,主要是一些蔬菜和水果。陕西省气调贮藏技术研究中心是专门从事气调贮藏技术研究的单位,利用欧共体援助的供实验性的组合板结构的气调冷库,通过使用管理实践,开展气调贮藏技术研究,取得了可喜的成果,1992年开展的土建式气调冷库试验的圆满成功,为这项科技成果在国内的推广应用作出了积极的贡献。三十年来,经过引进、消化、吸收国外先进技术和设备,加上我国科研人员的不断的研究和探索,气调贮藏技术得到迅速发展,我国现已具备了自行设计和建造各种气调库和气调设备的能力。

一、气调的特点

1. 贮藏时间长

气调贮藏综合了低温(冷藏)和调节贮藏环境气体成分两方

第七章 目前猕猴桃保鲜贮藏冷库的主要类型及特点

面的技术,使得果品贮藏期得以较大程度地延长,采用气调贮藏,苹果可以做到周年供应,鸭梨、长把梨、香梨等采用气调贮藏可储存 8~9 个月以上。

2. 贮藏保鲜效果好

多数中晚熟猕猴桃等水果经长期贮藏后,仍然色泽艳丽、风味纯正、外观丰满,与刚采收时相差无几,具有良好的社会效益和经济效益。

3. 贮藏损耗低

气调贮藏严格控制库内温、湿度及氧和二氧化碳等气体成分,有效地抑制了果实的呼吸作用、蒸腾作用和微生物的危害,贮藏期间因失水、腐烂等造成的损耗大大降低。

4. 货架期长

经气调贮藏后的水果由于长期处于低氧和较高二氧化碳作用,在解除气调状态后,仍有一段很长时间的"滞后效应",试验表明,一般认为在保持相同质量的前提下,气调贮藏的货架期是冷藏的 2~3 倍,利于长途运输和外销。

5. 贮藏无公害

在果品气调贮藏过程中,由于低温、低氧和相对较高的二氧化碳的相互作用,基本可以抑制侵染性病害的发生,贮藏过程中基本不用化学药物进行防腐处理,达到了贮藏过程无污染、无公害,有利于开发无污染的绿色食品。

6. 贮藏成本高

气调贮藏是一种高投入、高产出的贮藏方式,建造气调库的一次性投资较大,而目前我国的果品生产与销售是以家庭承包为主体,现代化产销联营的体制尚未建立,成本相对较高,目前,在国内气调贮藏主要用于出口果品以及贮藏效益较高的果品。

二、气调贮藏的原理

气调贮藏是增加贮藏环境中的二氧化碳浓度和降低氧气浓

度,并结合低温条件,在维持果品正常生命活动的前提下,有效地抑制果品的呼吸作用、蒸发作用和微生物的作用,延长果品的成熟与衰老过程,防止腐败变质,从而达到延长贮藏寿命的目的。

鲜果采后仍是一个有生命的活体,在贮藏过程中仍然进行着正常的以呼吸作用为主导的新陈代谢活动,主要表现为果实消耗氧气,同时释放出一定量的二氧化碳和热量,在环境气体成分中,二氧化碳和由果实释放出的乙烯对果实的呼吸作用具有重大影响。气调贮藏原理就是通过改变贮藏环境的气体成分,降低氧气含量,增加二氧化碳含量,减弱果品的呼吸强度,降低营养成分生化反应的速度,抑制微生物的生长繁殖和乙烯的产生,削弱乙烯对果实成熟衰老的促进作用,从而减轻或避免某些生理病害的发生,以达到减少物质消耗、延长贮藏期和提高贮藏效果的作用。研究发现,当 O_2 浓度为 3%~5%、CO_2 浓度为 2%~5% 的气调介质对果品呼吸作用的抑制效果最好,有利于果品的贮藏。

果品自身的生物学特性各异,对气调贮藏条件的要求也各不相同,根据对气调反应的不同果品可分为三类:对气调反应优良的:猕猴桃等;对气调反应不明显的:葡萄;介于两者之间对气调反应一般的:如核果类等。

三、气调贮藏的类型

气调贮藏按其调节气体的方法不同可分为人工气调贮藏和自发气调贮藏,严格地讲,在 1962 年以前的气调贮藏,是利用果品呼吸来达到降氧的技术途径,这属"自然降氧法"的气调贮藏,即 MA 贮藏,自从燃烧式气体发生器问世以后,才开始应用机械的方法来控制贮藏环境的气体成分,这属于"快速降氧法"的气调贮藏,即 CA 贮藏。

1. 人工气调贮藏(CA)

人工气调贮藏简称 CA 贮藏,是指在相对密闭的环境中(气调库房)和冷藏的基础上,根据果品的需要,采用机械气调设备,人

第七章 目前猕猴桃保鲜贮藏冷库的主要类型及特点

工调节贮藏环境中气体成分,降低 O_2 浓度、增大 CO_2 的浓度并保持稳定的一种气调贮藏方法,由于 O_2 和 CO_2 的比例能够严格控制,而且能做到与贮藏温度密切配合,因而贮藏时间长,贮藏效果好,但气调库建筑投资大,运行成本高,制约了其在果品贮藏中的应用和普及。

2. 自发气调贮藏(MA)

自发气调贮藏又称简易气调或限气贮藏,简称 MA 贮藏,是在相对密闭的环境中(如塑料薄膜袋、帐等密封方式),依靠贮藏果品自身的呼吸作用和塑料薄膜具有的一定程度的透气性,自发调节贮藏环境中的 O_2 和 CO_2 浓度的一种气调贮藏方法。MA 贮藏方法简单,成本低,还可保持环境较高湿度,减少果实失水,但贮藏环境中的 O_2 和 CO_2 浓度较难控制在理想的范围内,贮藏效果不如 CA 贮藏,不过只要管理得当,MA 贮藏效果则优于普通冷藏。

3. 薄膜袋封闭贮藏

在冷库箱内使用塑料薄膜袋,就是将果品封闭后放置于库房中贮藏。其关键技术一是防止因温度变化造成袋内结露或积水,应在果品冷却至适宜温度后再装袋扎口,或者是敞开袋口进行预冷至适宜温度后再扎口。二是根据果品特性选择适宜规格的薄膜袋,目前,果品贮藏中采用的薄膜袋主要有低密度聚乙烯和聚氯乙烯两种,塑料薄膜的厚度一类为 0.02~0.04 mm,装量为 1~10 kg,由于塑料薄膜厚度较薄,透气性较好,在不很长的时间内可以维持适当的低氧气和低二氧化碳含量而不致达到有害的程度,适用于短期贮藏或远途运输。另一类为 0.06~0.08 mm,装置以 10~20 kg 为宜,由于袋较厚,在贮藏管理中通常要定期取气样分析和开袋换气,其方法是在贮藏库的前、中、后部及货架或货垛的上、中、下部设有代表性的塑料袋,装上气体取样孔,定期取气样用奥氏气体分析仪测定,当袋内气体中的氧气含量处于低限或二氧化碳含量处于高限时,这个代表性袋所在范围内的全部袋子都要打开袋口换气,同时擦去袋上附着的结露,然后再扎口封闭。袋子过薄,装量少,气调保鲜作用小;袋子过厚,装量过多,可能造成 CO_2 伤害。尽管薄膜袋较薄,但通常仍然是透气性不足,往往出现袋内 O_2 太低而 CO_2 太高的情况,生产中应定期放风,即每隔一定时间将封闭袋口打开,换入新鲜空气后再行封口贮藏。

4. 塑料大帐封闭贮藏

贮藏果品有透气的包装容器盛装,码成垛,垛底先铺一层垫底薄膜,在其上摆放垫木,使盛装产品的容器架空,码好的垛用塑料帐罩住,帐子和垫底薄膜的四边互相重叠卷起并垛入四周的小沟中,或用其他重物压紧,使帐子密闭。也可以用活动贮藏架在装架后整架封闭,比较耐压的一些果品可以散堆到帐架内再行封帐(气调大帐示意图见图7-3),最大优点是在相对高湿的贮藏环境中,仍能获得较好的贮藏效果,这就使人们能够充分利用大自然的冷源来降低贮藏温度,即使在比标准冷藏库高出10~15℃的温度中贮藏,亦能取得与冷藏库或气调库相接近的效果。密封帐多做成长方形大帐子,每帐容果量从数千千克,发展到容果1~2万kg,在帐的两端分别设置进气袖口和出气袖口,供调节气体之用,在密封帐上还应设置供取分析气样的取气孔。密封帐多选用0.07~0.20 mm厚的聚乙烯或聚氯乙烯塑料薄膜,密封帐可设置在常温库或荫棚内,也可设在普通冷藏库,当帐内 CO_2 浓度超过规定指标后,可采用揭帐放气然后再密封循环操作的办法,使气体达到贮藏要求。也可通过人工调节的方式,类似于气调库气调原理,依靠制氮机人工调节大帐内的气体成分,在整个贮藏过程中,应经常测定、分析帐内气体成分的变化,并进行必要的调节。

塑料薄膜大帐贮藏的降氧方法为自然降氧、人工降氧和半自然降氧三种。自然降氧是利用果实的呼吸作用,逐渐将密闭帐内

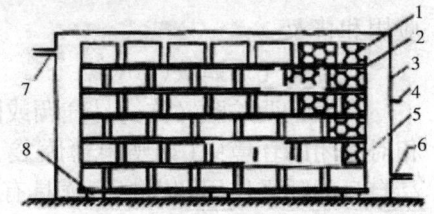

图7-3 气调大帐示意图
1. 果品　2. 木框架
3. 大帐　4. 取气口　5. 果品筐
6. 排气口　7. 充气口　8. 扰垫

第七章 目前猕猴桃保鲜贮藏冷库的主要类型及特点

的氧消耗到要求的浓度,然后再进行调节和控制。从贮藏开始,要在帐内放有适当的硝石灰,或用二氧化碳洗涤器来吸收果实呼吸放出的大量二氧化碳,此方法简单,不需充氮,易于推广。缺点是降氧时间长,贮藏效果比人工降氧方法差;人工降氧是先用抽气机将密闭帐内的气体抽出一部分,使塑料薄膜帐四壁紧紧贴在果筐上,然后在帐子上部的充气袖口充入纯度99%的氮气,使帐子又恢复原状,如此反复三次,就可使帐内气体中的氧的含量降至3%左右。这种方法降氧快,贮藏效果好,但要氮气瓶或制氮机;半自然降氧是首先用快速降氧法,使密闭帐内气体的氧含量降至10%左右,然后用自然降氧法,即依靠果实呼吸作用继续消耗氧,使帐内气体氧的含量降至3%左右。此法贮藏效果略低于快速降氧法,而比自然降氧好得多,同时可以节约氮气,降低成本。

5. 硅橡胶窗气调贮藏

用硅橡胶窗作为气体交换窗,镶嵌在塑料帐或塑料袋上,起自动调节气体成分的作用,称为硅橡胶窗气调贮藏,硅橡胶薄膜对CO_2的渗透率是同厚度聚乙烯膜的200~300倍,是聚氯乙烯膜的20 000倍。另外,硅橡胶膜具有选择性透性,对N_2、O_2和CO_2有透性比为1:2:12,同时对乙烯和一些芳香成分也有较大的透性。利用硅橡胶膜特有的性能,在较厚的塑料薄膜(如0.23 mm聚乙烯)做成的帐上镶嵌一定面积的硅橡胶膜,袋内的果品进行呼吸作用释放出的CO_2通过气窗透出袋外,而所消耗掉的O_2则由大气透过气窗进入袋内而得到补充。由于硅橡胶膜具有较大的CO_2与O_2的透性比,且袋内的CO_2的透出量是与袋内的浓度成正相关,贮藏一定时间之后,袋内的CO_2和O_2含量就自然会调节到一定的范围,达到果品气调贮藏效果。这种自发气调贮藏方法,操作简便,其关键是贮前必须综合考虑包装内的果品数量、膜的性质、膜的厚度等多种因素,准确确定一定规格包装上的硅窗面积,硅窗面积可按公式$S = M \times rCO_2/(PCO_2 \times Y)$计算,[$S$——硅窗面积(米^2);$M$——贮藏物质(吨);$rCO_2$——放出$CO_2$(升/吨/天);$PCO_2$——硅窗对$CO_2$的渗透系数;$Y$——该贮存物理想的$CO_2$浓度]。硅橡胶窗面积的大小,一般容量为 1 000~2 500 kg 的大帐,如果用复 38-4 硅橡胶压延膜,苹果约需配制 2.4 cm^2/kg 的面积,如果使用青岛 8301 硅橡胶薄膜,约需 1.8 cm^2/kg 的面积,硅橡胶窗在塑料帐内粘贴,聚氯乙烯用南大 204,聚乙烯用 704。硅橡胶窗气调贮藏与塑料大帐封密贮藏一样,主要是利于薄膜本身的透性自然调节袋中的气体成分,因此,袋内的气体成分必然是与气窗的特性、厚薄、大小,袋子容量、装载量,果品的种类、品种、成熟度以及贮藏温度等因素有关,实际应用时要通过试验研究,最后确定帐子的大小、装量和硅橡胶窗面积的大小。

四、气调贮藏的影响因素

气调贮藏过程中主要控制的因素包括温度、相对湿度、气体成分等这些因素直接影响果品的品质。

1. 温度

温度对果实的呼吸和水分蒸发影响很大,在一定范围内温度每增高 10 ℃,果实的呼吸强度要增加 2~4 倍。反之,温度下降,果实的呼吸强度也显著下降,贮藏温度每降低 10 ℃,果品的呼吸强度可减弱 1~2 倍,当贮藏温度由 0 ℃ 升高到 3~4 ℃时,果品的呼吸强度可升高 0.5~1 倍;蒸发是失水的主导因子,果品体内水分的蒸发与贮藏温度的高低密切相关,高温可加速水分蒸发,低温则抑制蒸发,当库内贮藏温度较高时,果品的水分会大量流失,在相同体积的空气中,水蒸气的含量不变,则温度越高,相对湿度就越小,相对湿度下降会导致果品失水。为了避免水分损失,一般气调库应保持适宜的低温,通常比普通冷库贮藏高 1 ℃。

2. 相对湿度

通常我们可近似认为果品内部的相对湿度值为 100%,即果品内部的水蒸气压等于该温度的饱和水蒸气压。在气调贮藏条件下,环境中的水蒸气压一般不可能达到饱和水蒸气压,于是果品和环境之间就存在着水蒸气压差,果品的水分就会通过表层向环境中扩散,导致失水。为了延缓果品由于失水而造成的变软和萎蔫,气调贮藏适宜的相对湿度应以既可防止失水又不利于微生物的生

第七章 目前猕猴桃保鲜贮藏冷库的主要类型及特点

长为度,通常比普通库高些,在90%~93%之间。要保持气调库的相对湿度,可以在库内设置加湿器。

3. 气体成分

果品后熟进程的快慢,与贮藏环境的气体成分关系密切,这一过程不仅受乙烯浓度高低的影响,而且与氧气和二氧化碳的分压有关,低氧和高二氧化碳可有效抑制果品的后熟作用。采用气调装置可降低贮藏环境中的氧气分压,低氧量的限度视果品种类、成熟度及贮藏温度而不同,一般为2%~5%,并遵循"果实体内的氧浓度与果实体外的氧浓度差等于果实的体积乘呼吸率",延缓果品的衰老,提高果肉的硬度。降低 O_2 的浓度时,应以不致于造成厌氧性呼吸障碍为度;高二氧化碳处理可降低呼吸代谢,延缓衰老的进程,增加了果品贮藏的寿命,CO_2 浓度应保持在2%~3%左右,但如果 CO_2 浓度太高,将会造成呼吸障碍,反而缩短贮藏时间,同时也受氧气浓度和环境温度的影响。常见果品气调贮藏对 CO_2、O_2 要求示意图见图7-4。

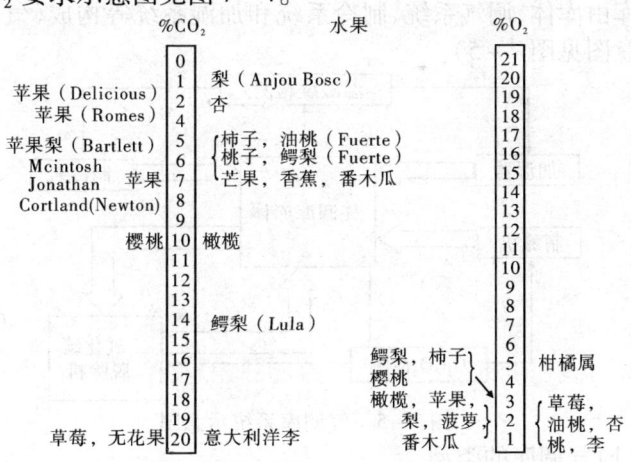

图7-4 常见果品气调贮藏对 CO_2、O_2 要求示意图

4. 空气流速

贮藏室内空气的流速也很重要,一般贮藏室内的空气保持一

定的流速以使室内温度均匀和进行空气循环,空气的流速过大,空气和果品的蒸气压差随之增大,果品表面的水分蒸发也随之增大。在空气相对湿度较低的情况下,空气的流速对果品的干缩产生严重的影响,只有空气的相对湿度较高而流速较低时,才能使得果品的水分损耗降低到最低的程度。

五、气调贮藏的主要设施

1. 气调库

气调库是在传统果品冷库的基础上发展起来的,一方面它要求通常冷藏库所具有的良好的隔热性、防潮性,另一方面要求库体具有气密性,保证库房气体密封性好,易于取样和观察,能脱除有害气体和自动控制等目的。另外还要考虑安全性,由于气调库是一种密闭式冷库,当库内温度降低时,其气体压力也随之降低,库内外两侧就形成了气压差。在气调设备运行以及气调库气密试验过程中,都会在围护结构的两侧形成压力差,若不把压力差及时消除或控制在一定的范围内,将对围护结构产生危害。一座完整的气调库由库体、调气系统、制冷系统和加湿系统等构成(气调库系统示意图见图7-5)。

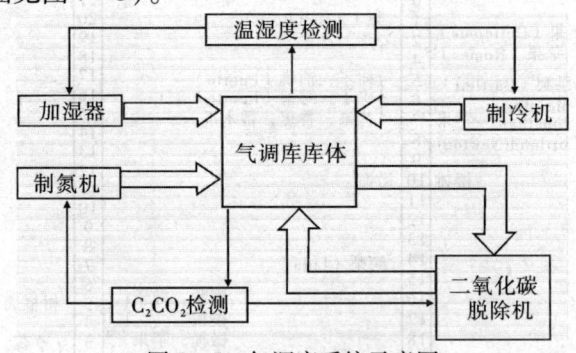

图7-5 气调库系统示意图

(1)气调库的类型

按气调方式气调库可分为充气式和循环式。充气式气调库是利用制氮机将产生的 N_2 持续冲入气调库内,并辅以其他调节方式,使库内 O_2 和 CO_2 达到预定指标;循环式气调库是指将气调库内的气体通过循环式气体发生器处理,去掉其中的 O_2,然后将处理过的气体重新输入库内,这种方式降 O_2 和增加 CO_2 速度更快,贮藏期间可随时出库或观察。

(2)气调库的建筑结构

可分为砌筑式(土建)、装配式气调库和土建装配复合式三种(气调库的构造示意图见图7-6)。

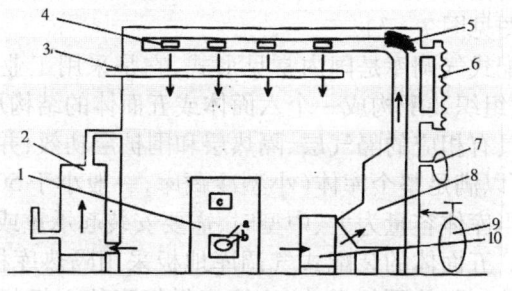

图7-6 气调库的构造示意图
1.气密门 2.CO_2 吸收装置 3.加热装置 4.冷气出口 5.冷风管
6.呼吸袋 7.气体分析装置 8.冷风机 9.N_2 发生器 10.空气净化器

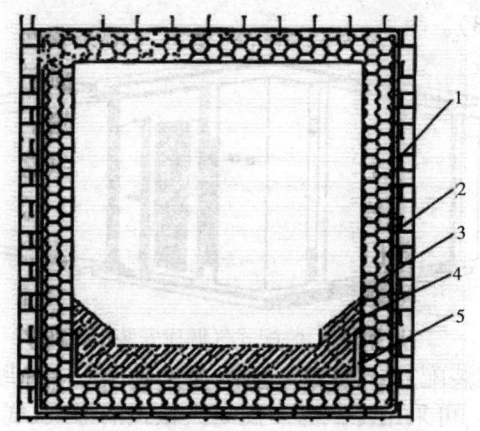

图7-7 土建式气调库结构示意图
1.墙体 2.气密层 3.体温层
4.载重保护层 5.防水层

①砌筑式气调库的建筑结构基本上与普通冷藏库相同,用传统的建筑保温材料砌筑而成,或者将冷藏库改造而成,但在库体围护结构上增加一层气密层,为了防止温度变化,顶棚12 cm,外墙10 cm,隔墙6 cm。土建库建筑时间长,一般要3~4个月,但建成后使用寿命长,库体投资也较装配库节省至少30%,从外观看,不如装配库高档,大型气调库目前以这种形式居多(土建式气调库结构示意图见图7-7)。

②装配式气调库是国内常见形式,它是采用工业生产的夹心库板,经过组织装配构成一个六面体或五面体的结构形式,这些夹心库板都具有相应的隔气层、隔热层和围护层功效,并且具有一定的强度,可以满足整个库体(小型冷藏库,一般小于50吨)的强度要求。但当库体容量为大、中型时,需要安装起承重或加强作用的钢架结构。五面体的装配式气调库地板采用隔热库板结构,仍沿用土建的地面隔热隔气做法,应注意做好库体立板与地面隔热层联接处的隔热、隔气和气密处理。夹心库板由于隔热层和气密层形成一体,因此在安装施工中非常方便(装配式气调库安装示意图见图7-8)。

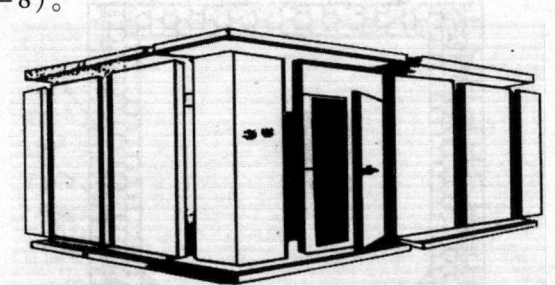

图7-8 装配式气调库安装示意图

③土建装配复合式是为了简化库体对气体密封性的要求,降低建造成本,可采用冷藏库+简易大帐式的形式,气调大帐是在普通冷藏库内,将果品堆码成垛后,套上密闭的帐篷,其技术关键是保证帐篷的气密性和防止冷凝水滴湿果品。具有显著的成本优势和操作简便的特点(见表7-4)

第七章 目前猕猴桃保鲜贮藏冷库的主要类型及特点

表7-4 气调库和气调大帐特性比较

	建造费用	出入库特点	温、湿度控制	冷库利用率
气调库	较高	不便，需整进整出	能按贮藏工艺控制湿度，但需用加湿设备	较高，能耗较低
气调大帐	较低	方便，各帐互不影响	低于贮藏工艺2~3℃，帐内自身保持高湿度	较低，制冷能耗较高

（3）气调库的主要特点：

①气调库容积大小：在欧美国家，气调库贮藏室的容积单间通常在50~200吨之间，如英国苹果气调库贮藏室的容量大约为100吨，在欧洲约为200吨，根据我国情况，以30~100吨为一个开间，一个建库单元最少2间，但不宜超过10间。

气调库必须具有气密性，这是气调库建筑结构区别于普通果品冷库的一个最重要的特点，良好的气密性能是气调贮藏的首要条件，满足气密性要求的方法是在气调库房的围护结构上敷设气密层。常用的气密材料有钢板、铝合金板、铝箔沥青纤维板、胶合板、防水胶布等。对气调库地坪、气调贮藏库门以及各种管道穿过墙壁进入库内的部位都需加用密封材料，不能漏气，并根据《制冷机、空气分离设备安装工程施工及检验规范》(GB50274—98)规定进行气密性检验，检验结果如不符合规定的要求，应查明原因，进行修补使其密封，达到气密标准后才能使用。气调库地坪气密层的做法，是在加固的钢筋水泥底板上，用一层塑料薄膜（多聚苯乙烯等）作为隔气层(0.25 mm厚)，一层预制隔热嵌板（地坪专用）隔热，再加一层加固的10 cm厚的钢筋混凝土为地面。为了防止地板由于承受荷载而使密封破裂，在地板和墙的交接处的地板上留一平缓的槽，在槽内也灌满不会硬化的可塑酯粘合剂；气调贮藏库门通常有两种设置方法：只设一道门，既是保温门又是密封门，门在门框顶上的铁轨上滑动，没滑轮联挂。门的每一边有两个，总

猕猴桃贮藏保鲜实用工艺技术

共八个插锁把门拴在门框上。把门拴紧后,在门的四周门缝处涂上不会硬化的粘合剂密封;设两道门,第一道是保温门,第二道是密封门,通常第二道门的结构很轻巧,用螺钉铆接在门框上,门缝处再涂上玛啼酯加强密封。

②气调库的安全性:在气调库的建筑设计中还必须考虑气调库的安全性。这是由于气调库是一种密闭式冷库,当库内温度升降时,其气体压力也随之变化,常使库内形成气压差。据资料介绍,当库外温度高于库内温度1℃时,外界大气将对维护库板产生40 Pa压力,温差越大,压力差越大。此外,在气调设备运行、加湿及气调库气密性试验过程中,都会在维护结构的两侧形成气压差,若不将压力差及时消除或控制在一定范围内,将对维护结构产生危害。为保障气调库的安全运行,保持库内压力的相对平稳,库房设计和建造时须设置压力平衡装置,装置有平衡袋和安全阀,以使压力限制在设计的安全范围内。调压装置有两种形式,一是在库外设置具有伸缩功能的塑料贮气袋,用气管与库房相通,当库内压力波动较小时(<98 Pa,通过气囊的膨胀和收缩平衡库内外的压力。气囊须达到库内体积的1%,甚至更大,占地大而且不方便。二是采用水封栓装置来调压,库内外压力差较大时(如>98 Pa),水封即可自动鼓泡泄气(内泄或外泄)。这种方式方便可靠,但应注意水不可冻结。

③气调库多为单层建筑:一般果品冷库根据实际情况,可以建成单层或多层建筑物,但对气调库来说,几乎都是建成单层地面建筑物。这是因为果品在库内运输、堆码和贮藏时,地面要承受很大的荷载,如果采用多层建筑,一方面气密处理比较复杂,另一方面在气调库使用过程中容易造成气密层破坏,所以气调库一般都采用单层建筑,较大的气调库的高度一般在7 m左右。

④利用空间大:气调库的有效利用空间大,也称容积利用系数高,有人将其描述为"高装满堆",这是气调库建筑设计和运行管理上的一个特点。所谓"高装满堆"是指装入气调库的果品应具有较大的装货密度,除留出必要的通风和检查通道外,尽量减少气

第七章 目前猕猴桃保鲜贮藏冷库的主要类型及特点

调库的自由空间,因为气调库内的自由空间越小,意味着库内的气体存量越少,这样一方面可以适当减小气调设备,另一方面可以加快气调速度,缩短气调时间,减少能耗,并使果品尽早进入气调贮藏状态。

⑤快进整出:气调贮藏要求果品入库速度快,尽快装满、封库并调气,让果品在尽可能短的时间内进入气调状态。平时管理中也不能像普通冷库那样随便进出货物,否则库内的气体成分就会经常变动,从而减弱或失去气调贮藏的作用。果品出库时,最好一次出完或在短期内分批出完。

2. 气体发生系统

气体发生系统是气调贮藏中最主要的设备,也是占投资最大的设备。库内气体调节主要通过气体发生系统来完成,利用制氮机产生 95%~98% 纯度的 N_2,置换(稀释)气调库中的气体,降低库内 O_2 浓度,在小型气调库内也可以用于排除过量的 CO_2、乙烯或其他气体。目前气体发生系统主要包括烃类化合物燃烧系统、氨裂解系统、变压吸附系统、膜分离系统。其中膜分离系统是比较先进的气体发生系统,它利用中空纤维膜,对不同大小的分子,进行有选择性的分离,将压缩空气中的氮与氧分离,达到气调的目的。由于其技术性能优越,产品质量可靠,价格低廉,因而目前已被广泛选用。

制氮设备可制造高浓度氮气,将氮气通入气调库内置换其中普通空气获得库内的低氧。目前,制氮机向气调间充氮一般采取开式置换(充气稀释)方式,将 95%~98% 纯度的 N_2 从气调间的上部进气口打入,被置换的气体从与进气口呈对角线布置的排气口排到大气中。整个过程是一个不断稀释的动态过程,库内的氧含量呈自然对数级下降,直到降至规定的指标。氮气来源有下列方法:

(1)燃烧制氮系统

利用烃类化合物在氮气发生器中经催化燃工业生产掉空气的氧气,获得高浓度氮充入气调库中降氧,或将库内空气引入氮气发生器中燃烧,再送入气调库中循环,使气调库内氧浓度降低。燃烧后的空气包括二氧化碳、水蒸气、剩余氮和少量的氧,冷却后送入气调库,这是当前气调库使用比较普遍的方法。

(2) 碳分子筛制氮机

用经过特殊工艺制成焦碳分子筛,填充在两个密封的吸附塔内,连接空气压缩机和真空泵成为变压吸附系统,再用管道与气调库连接。系统工作时,经空气压缩机加压和抽吸作用,使来自气调库、气调帐或库外的空气进入一个吸附塔内,在高压下氧分子被吸附在碳分子筛中,空气变成高浓度氮气,被送入库或帐内降低氧浓度。当一个塔内的碳分子筛吸附氧饱和后,机器自动截换至另一个吸附塔继续工作供氮。原塔内吸附氧饱和的碳分子筛经真空泵降压再生,又可以吸附氧分子,如此反复工作,不断获得高浓度氮。

(3) 膜分离制氮机

利用具有特殊结构的膜,对不同大小的分子,进行有选择性的分离,将压缩空气中氮与氧分开,可获得浓度为95%的氮气。这种膜分离的制氮制氧装置更加简便,不污染环境,很有发展前景。

(4) 液氮

液氮是制氧厂的副产品,与液氮来源临近的气调库采用液氧降氧,是一个简便易行的方法。将安装在气调库或薄膜帐内的喷嘴与液氮罐连接打开阀门,液氮即行汽化进入库内降氧,当氧浓度达到要求时,停止供氮。

3. 气体净化系统

果品气调贮藏时须不断地排除封闭器内过多的 CO_2,此外,果品自身释放的某些挥发性物质,如乙烯和芳香酯类,在库内积累会产生有害影响,这些物质可以用气体净化系统清除掉。这种气体净化系统去除的是 CO_2 等气体成分,所以又称为气体洗涤器或二氧化碳吸附器。

(1) 二氧化碳清除装置

催化燃烧制氮设备在燃烧空气时,会产生二氧化碳,同时果品呼吸也释放二氧化碳,都需要及时清除。否则,气调环境中二氧化碳浓度过高,对水果将产生伤害。通常的清除装置,是通过化学的或物理的方法脱除二氧化碳,分为消石灰脱除装置和活性炭清除装置:

(2)消石灰脱除装置

将气调库内空气通过循环泵引入装有消石灰的清除塔内,二氧化碳被吸收后再回到气调库中,几次循环后可使二氧化碳浓度控制在需要的水平上。也可以用织物袋装消石灰,放在气调库内吸收二氧化碳。

(3)活性炭清除装置

活性炭有较强的吸附力,装填在吸附塔内,用循环泵引入气调库内,空气在塔内循环吸附其中二氧化碳,吸附饱和后,向吸附床鼓入新鲜空气,使活性炭脱附,恢复吸附性能。现在国内外生产的CO_2脱除机均采用活性炭作为吸附剂,含高CO_2的库气用风机抽入活性炭罐内吸附,经过数分钟吸附饱和后,用空气脱附再生,如此循环使用,将脱附的CO_2送入大气中,这一方法比较经济,是当前气调库脱除二氧化碳普遍采用的装置。

(4)乙烯脱除装置

为了提高气调库的贮藏效果,加用乙烯脱除装置,排除气调库内乙烯气体,更能延缓果实衰老进程。脱除乙烯的方法有多种,如水洗法、稀释法、吸附法、化学法等,但目前被广泛使用的主要有两种方法:高锰酸钾($KMnO_4$)氧化和高温催化法。

在脱除装置中充填乙烯吸收剂,乙烯与高锰酸钾接触,因氧化而被清除。

(5)高锰酸钾氧化法

又称为化学除乙烯法,是将饱和高锰酸钾溶液吸附在碎砖块、蛭石或混石分子筛等多孔的材料(载体)上,然后将此载体放入库内、包装箱内或闭路循环系统中,利用高锰酸钾的强氧化性能将乙烯除掉,目前我国许多地方使用的用于脱除乙烯的保鲜剂多为这种产品,这种方法脱除乙烯虽然简单,但脱除效率低,还要经常更换载体(包括重新吸收高锰酸钾),且高锰酸钾对皮肤和物体有很强的腐蚀作用,不便于现代化气调库的作业,一般用于小型或简易贮藏之中。

(6)高温催化法(乙烯脱除器)

乙烯在250℃的高温下与催化剂的作用下能生成水和CO_2,通过闭路循环系统将脱除乙烯后的气体又送入气调库内,如此往复,完成脱除乙烯的过程。与化学脱除法相比,这种方法虽然一次性投资较大,但可以连续自动运转,脱除效率高,同时还可将果品所释放的多种有害物质和芳香气体除掉,如醇类、酯类、醛类和烃类等,适合现代化的CA装置使用。

4. 制冷设备

气调贮藏并非指单纯调节气体,而是建立在低温条件上的气体调节,需要有制冷设备,也就是制冷机,包括冷凝器、压缩机、蒸发器、节流器(也叫膨胀阀)等。气调库的制冷设备大多采用活塞式单级压缩制冷系统,以氨或氟利昂-22作制冷剂,库内的冷却方式可以是制冷剂直接蒸发冷却,也可采用中间载冷剂间接冷却,后者用于气调库比前者效果理想。为了减少库内所贮物品的干耗,气调库内传热温差要求在2~3℃,也就是说气调库蒸发温度和贮藏要求温度的差值要比普通库小得多,只有控制并达到蒸发温度和贮藏温度之间的较小差值,才能减少蒸发器的结霜,维持库内要求的较高相对湿度。所以,在气调库设计中,相同条件下,通常选用冷风机的传热面积比普通果品冷库冷风机的传热面积大,即气调库冷风机设计上的所谓"大面积低温差"方案。

气调库中良好的空气循环是必不可少的,在降温过程中,英国推荐的循环速率范围为:在果品入库初期,每小时空气交换次数为30~50倍空库容积,所以常选用双速风机或多个轴流风机可以独立控制的方案;在冷却阶段,风量大一些,冷却速度快,当温度下降到初值的一半或更小后,空气交换次数可控制在每小时15~20次。

一个设计良好的气调库在运行过程中,可在库内部实现小于0.5℃的温差。为此,需选用精度大小0.2℃的电子控温仪来控制库温,温度传感器的数量和放置位置对气调库温度的良好控制也是很重要的,最少的推荐探头数目为:在50吨或以下的贮藏库中放3个,在100吨库中放4个,在更大的库内放5个或6个,其中一个探头应用来监控库内自由循环的空气温度,对于吊顶式冷风机,探头应安装在从货物到冷风机入口之间的空间内。其余的探头放置在不同位置的果品处,以测量果品的实际温度。

5. 其他

除了上述主要设备外,为了获得满意的贮藏效果,往往还需要一些其他的设备,主要包括湿度调节系统、气体循环系、O_2和CO_2分析及记录仪器、分析监测设备(包括采样泵、安全阀、控制阀、流量计、温湿度记录仪、测O_2仪、测CO_2仪、气相色谱仪、计算机等分析监测仪器设备)。

六、气调贮藏管理

气调贮藏管理在库房的消毒、商品入库后的堆码方式、温度、相对湿度的调节和控制等许多方面与机冷器冷藏相似,但也有不同之处。

1. 贮藏前的准备工作

气调库贮藏前必须检验库房的气密性、检修各种机器设备,发现问题及时维修、更换,以避免漏气而造成不必要的损失。

2. 选择适宜品种,适时采收,保证果品的原始质量

果品自身的生物学特性各异,对气调贮藏条件的要求也各不相同,根据对气调反应的不同,只有选择对气调反应优良如苹果、猕猴桃、香蕉、草莓等进行气调贮藏才有潜力;气调贮藏对原料的成熟度和质量要求更为严格,贮藏果品最好在专用基地生产,加强采摘管理,严格把握采收的成熟度,并注意采用商品化处理技术措施的配套综合应用,以利于气调效果的充分发挥。

3. 产品入库和堆码

入库时必须做好周密的计划和安排,尽可能做到分种类、品种、成熟度、产地、贮藏时间要求等分库贮藏,保证及时入库并尽可能地装满库,减少库内气体的自由空间,从而加快气调速度,缩短

气调时间,使果品在尽可能短的时间内进入气调贮藏状态。果品采收后应立即预冷一次入库,在气调间进行空库降温和入库后的预冷降温时,应注意保持库内外的压力平衡,不能封库降温,只能关门降温,当库内温度基本稳定后,就应迅速封库建立气调条件。

4. 温度管理

气调贮藏需要适宜的低温,而且要尽量减少温度的波动和不同库位的温差,一般在入库前7~10天即应开机适度降温,至鲜果入贮之前使库温稳定保持在0℃左右,为贮藏做好准备。入贮封库后的2~3天内应将库温降至最佳贮温范围之内,并始终保持这一温度,避免产生温度波动。气调贮藏适宜的温度略高于机械冷藏,幅度约0.5℃。果品采收后,必须尽快冷却(预冷至0℃左右),最好在采收后1~2天内入冷库。

5. 相对湿度管理

气调贮藏过程中由于能保持库房内处于密闭状态,且一般不通风换气,能保持库房内较高的相对湿度,降低了湿度管理的难度,有利于产品新鲜状态的保持。气调贮藏期间可能会出现短时间的高湿情况,一旦发生这种现象即需除湿。

6. O_2 和 CO_2 浓度

气调贮藏环境内从刚封闭时的正常气体成分转变到要求的气体指标,是一个降 O_2 和升 CO_2 的过渡期,最后使 O_2 和 CO_2 稳定在规定指标内。由于新鲜果品对低 O_2、高 CO_2 的耐受力是有限度的,果品在长时间贮藏在超过规定限度的低 O_2、高 CO_2 等气体条件下会受到伤害,导致损失,因此要注意对气体成分的调节和控制,并做好记录,以防止意外情况的发生,有助于意外发生原因的查明和责任的确认。

7. 乙烯的脱除

根据贮藏工艺要求,对乙烯进行严格的监控和脱除,使环境中的乙烯含量始终保持在阈值以下(即临界值以下),并以必要时采用微压措施,用来避免大气中可能出现的外源乙烯对贮藏构成的威胁。如果单纯贮藏产生乙烯极少的果品或对乙烯不敏感的果

第七章 目前猕猴桃保鲜贮藏冷库的主要类型及特点

品,也可不用脱除乙烯。

8. 定期检查

封库建立气体条件到出库前的整个贮藏期间,称为气调状态的稳定期,这个阶段的主要任务是维持库内温、湿和气体成分的基本稳定,保证贮藏产品长期保持最佳的气调贮藏状态。操作人员应及时检查和了解设备的运行情况和库内贮藏能数的变化情况,保证各项指标在整个贮藏过程中维持在合理的范围内。同时,要做好贮藏期间果品质量的监测,每个气调库(间)都应有样品箱(袋),放在观察窗能看见和伸手可拿的地方,一般每半月检验一次,特别是在每年春季库外气温上升时,也到了贮藏的后期,抽样检查的时间间隔应适当缩短。

9. 出库管理

果品在出库前一天应解除气密状态,停止气调设备的运行,移动气调库密封门交换库内外的空气,待 O_2 含量回升到 18%~20%时,有关人员才能进库。冷藏果实出库时,应使果温逐渐上升到室温,否则果面结露,容易造成腐烂,同时,若果实骤然遇到高温,色泽易发暗,果肉易变软,影响贮藏效果。气调条件解除后,果品应在尽可能短的时间内一次出清,如果一次发运不完,也应分批出库。出库期间库内仍应保持冷藏要求的低温高湿度条件,直至货物出库完毕才能停机,因人员和货物频繁地进出库房,使库温波动加剧,此时应经常开启密封门,使库内外空气交流。在密封门关闭的情况下,容易产生内外压力不平衡,将会威胁到库体围护结构的安全性。

第三节 减压贮藏

减压贮藏又叫低压换气贮藏、低压贮藏,它是在冷藏基础上,将果品放在一个密闭容器内,用真空泵抽气降低压力使果品处在一种低压状态的一种贮藏方法,是果品保藏的又一新技术,也是气调贮藏技术的进一步发展。1957 年,Workmant 和 Humme 等同时发现，一些果品在冷藏的基础上再加上降低气压的条件与常规气调相比可明显地延长其贮藏寿命；1966 年，美国的 Burg 等人提出了完整的减压贮藏理论和技术。此后，在许多国家相继展开了广泛的研究，试验范围也从最先试用的苹果迅速扩大到其他品种的果品；1975 年起美国开始有供商业用的减压贮藏设备；1991 年我国科技人员通过多年的研究获得了关键性的减压贮藏罐壁生产的突破，1997 年在包头建成了第一座减压保鲜库。这被认为是保鲜史上的第三次革命，将在易腐难贮果品上发挥巨大作用。

一、减压贮藏的特点

1. 减压贮藏的优点

（1）延长贮藏期

由于减压贮藏除具有冷藏和类似气调贮藏的效果外，还有利于组织细胞中有害物质如乙烯、乙醇等挥发性气体的排出，具有降氧、降温等作用，可比普通冷藏大大延长果品的贮藏期。运用减压贮藏技术，冬枣可贮藏 4~5 个月（气调贮藏只能维持 2~3 个月），好果率达 80%，失水率 0.6%~0.8%，其贮藏效果明显好于气调贮藏和冷藏，今后发展前景十分广阔。

（2）可达到低 O_2 和超低 O_2 效果

减压贮藏能创造出一个低 O_2 和超低 O_2 的条件，从而起到类似气调贮藏的作用，在超低 O_2 的条件下更易于气调贮藏。

（3）可促进果品组织内挥发性气体向外扩散

减压贮藏可以促进果品组织挥发性气体向外扩散，这是减压贮藏明显优于冷藏和气调贮藏最重要的原因，减压处理能够大大加速组织内乙烯以及其他挥发性产物如乙醛、乙醇等向外扩散，因而可以减少由这些物质引起的衰老和生理病害。

（4）从根本上消除 CO_2 中毒的可能性

气调贮藏时，提高 CO_2 浓度的重要作用之一是使它成为乙烯作用竞争性抑制者，但又常会导致某些生理病害。减压条件下内源乙烯已极度减少，合成也受到抑制，似乎不再需要维持高浓度 CO_2 来阻止乙烯的活动，减压贮藏很易造成一个低 CO_2 的贮藏环境,并且可使产品组织内部的 CO_2 分压远低于正常空气中的水平,因而从根本上消除了 CO_2 中毒的可能性。

(5)抑制微生物的生长发育

减压贮藏由于可造成超低 O_2 条件,所以可抑制微生物的生长发育和孢子形成,由此减轻某些侵染性病害,并且可使无残毒高效杀菌气体由表及里,高强度地渗入果品组织内部,成功地解决了高湿与腐粒这一矛盾,并能防止和减少各种贮藏生理病害,如酒精中毒、虎皮病等,以保持果品新鲜、硬度、色涌等品质。

(6)具有效果迅速的特点

减压贮藏具有快速减压降温、快速降氮、快速脱除有害气体成分的特点,在减压条件下,果品的空间热、呼吸热等随真空泵的运行而被排出,可迅速排除果品带来的田间热,造成降温迅速;由于真空条件下,空气的各种气体成分分压都相应的迅速下降,故氧分压也迅速降低,克服了气调冷藏中降氧缓慢的不足;同时,由于减压造成果品组织内外产生压力差,以此压力差为动力,果品组织内的气体成分向外扩散,避免了有害气体对果品的毒害作用,延缓了果品的衰老。

(7)贮量大、可多品种混放

由于减压贮藏换气频繁,握体扩散速度快,果品在贮藏室内密集堆放,室内各部分仍能维持较均匀的温湿度和气体成分,所以贮藏量较大;同时减压贮藏可尽快排出产品体内的有害物质,防止了产品之间相互促进衰老,并且多品种同放于一贮藏室内。

(8)可随时出库和入库

由于减压贮藏操作灵活、使用方便,所要求的温湿度、气体浓度很容易达到,所以产品可随时出库,避免了普通冷藏和气调贮藏产品易受出入库影响的不良后果。

(9)延长货架期,提高经济效益

经减压贮藏的果品,在解除低压后仍有后效,其后熟和衰老过程仍然缓慢,故延长果品货架期。2004 年大连旅顺口区农业技术推广中心与国家农产品保鲜工程技术中心合作,将此技术应用在甜樱桃的贮藏上,收到了较好的经济效益,入贮的甜樱桃价格由入贮前的 12 元/kg 升至为 30 元/kg。

(10)节能、经济

减压贮藏除空气外不需要提供其他气体,省去了气体发生器和 CO_2 脱除设备等。由于减压库的制冷降温抽真空相互不断地连续进行,并维持压力的动态平衡,所以减压冷藏库的降温速度相当快,果品可不预冷,直接入库贮藏,尤其在运输方面,节约了时间,加快了货物的流通速度。

2. 减压贮藏的缺点

(1)建造费用高

贮藏库建筑比普通冷库和气调贮藏库要求高,因此,目前制约了这种方法在商业上的应用,需进一步研究在保证耐压的情况下降低建造费用。

(2)果品易失水

库内换气频繁,果品易失水萎蔫,故减压贮藏中特别要注意湿度控制,最好在通入的气体中增设加湿装置,必须保持较高的空气湿度,一般须在 95% 以上。

(3)产品香味易降低

减压贮藏后,果品芳香物质损失较大,很易失去原有的香气和风味。但有些果品在常压下放置一段时间后,风味可稍有恢复。

(4)急剧减压造成果实开裂

(5)对乙烯的消除有限,果品必须在跃变前采收。

(6)机械设备及能源消耗费用较大。

二 减压贮藏的原理

降低气压,空气的各种气体组分的分压都相应降低,造成一定的真空度(减压气调保鲜系统示意图见图 7-9)。例如气压降至正常的 1/10,空气中的 O_2、CO_2、乙烯等的分压也都降至原来的 1/10。这时空气各组分的相对比例并未改变,但它们的绝对含量则降为原来的 1/10,O_2 的含量只相当于正常气压下 2.1% 了,可达到低 O_2 和超低 O_2 的效果,起到气调贮藏(CA)相同的作用。

第七章 目前猕猴桃保鲜贮藏冷库的主要类型及特点

减压可加速果品组织内乙烯与挥发性气体向外扩散,例如据测定,当气压从 1.01325×10^5 帕降至 2.6664×10^4 帕,苹果的内源乙烯几乎减少 4 倍,可防止果品组织的完熟、衰老,防止组织软化,减轻冷害和贮藏生理病害的发生,从根本上清除气调贮藏中 CO_2 中毒的可能性;抑制贮藏期微生物的生长发育和孢子形成,控制侵染性病害的发生,从而延长贮藏期。

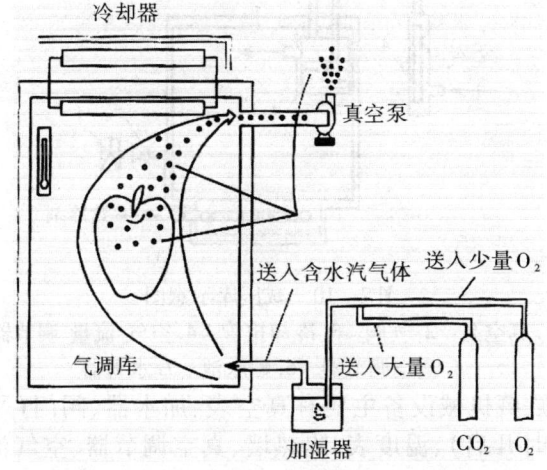

图 7-9 减压气调保鲜系统示意图

减压处理基本上有两种方式:定期抽气式(静止式)和连续抽气式(气流式)。定期抽气式是将贮藏容器抽气达到要求真空度后,便停止抽气,以后适时补 O_2 和抽空以维持恒定的低压,这种方式虽可促进果品组织内乙烯等气体向外扩散,却不能使容器内的这些气体不断向外排除;连续抽气式是在整个装置的一端用抽气泵连续不停地抽气排空,另一端不断输入新鲜空气,进入减压室的空气经过加湿槽以提高室内的相对湿度。减压程度由真空调节器控制,气流速度定时由气体流量计控制,并保持每小时约更换减压室容积的 1~4 倍,使果品始终处在恒定低压、低温的新鲜湿润气体之中。

减压贮藏要求贮藏室能经受高压,这在建筑上是极大的难题,限制了这种技术在生产上推广应用(减压库示意图见图7-10)。目前少数国家将减压系统装设在拖车或集装箱内用于运输。

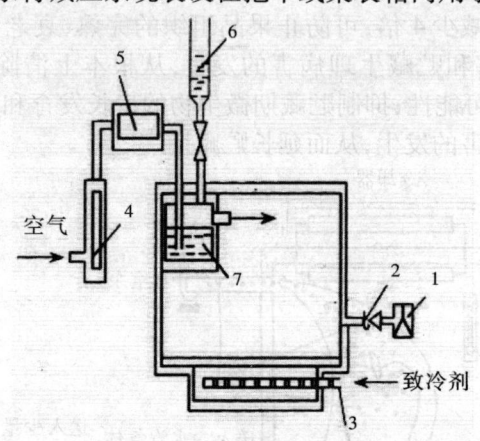

图7-10 减压库示意图
1.真空泵 2.气阀 3.冷却排管 4.空气流量调节器
5.真空调节器 6.贮水池 7.水管器

减压贮藏机械设备主要有真空表、加水器、阀门(平时关闭,需补偿水时开启)、温度表、隔热墙、真空调节器、空气流量计、加湿器、减压贮藏室、真空节流阀、真空泵、制冷系统等,一般说来,减压贮藏设备的技术关键至少包括4项必不可少的技术:从真空室内连续不间断地抽出气体;连续不间断的向真空室内供给饱和、低压新鲜空气;真空室内工作压力始终低于3 000 Pa;真空室空箱相对湿度在90%以上且真空室内壁不结露。我国近两年已经开始建设试验性质的小型减压贮藏库,如上海善如水保鲜科技有限公司生产的型号为JZ1~JZ50钢制品新型减压保鲜库,规格从1~50 m^3,无须放在冷库中,放在地面作为库,放在汽车上可用作运输工具,提供压力+温度+湿度+换气的工作模式,24小时连续抽真空、连续换气,真空室内压力可调控在某一数值,最低压力可维持在600Pa左右,24小时供给低压湿润新鲜空气,具有性能独特、适且面广、功率小、重量轻、自动化程度高、保鲜效果优异、操作简便

第七章 目前猕猴桃保鲜贮藏冷库的主要类型及特点

等特点,在不冻结前提下,可作为易腐生鲜果品反季节销售的最佳贮运设备。

该方法是将水果置到密闭的库室内,用真空泵抽出大部分空气,使内部压力降到10kPa左右,造成一个低氧的环境(氧气的浓度可降到2%),乙烯等气体分压也相应降低,并在贮藏期间保持恒定的低压。温度为1~18℃,相对湿度须在95%以上。

高压保鲜技术是美国1992年发表的一项专利。其原理是在贮存物上施加一个由外向内的压力,使贮存物外部大气压高于内部蒸汽压,形成一个足够的从外向内的正压差。此法可避免低温所引起的维生素等营养成分的损失,保持水果原有风味。压力升到2500~4000个大气压,生物体内的酶因失活而无法发挥作用,各种微生物也被杀死。正压又可以阻止水果水分和营养成分向外扩散,减缓呼吸速率和成熟速度,故能有效延长果实贮藏。

第八章 猕猴桃储藏保鲜实用操作技术

第一节 猕猴桃入库前的准备工作

一、设备的检修和调试

入库前一个月,对所有设备进行检修和维护。主要包括制冷压缩机、风机、冷却塔、进回气管道、膨胀阀、动力、照明电路及库门等。设备检修完后进行调试,保证降温正常。

二、库房及贮藏用具的消毒

消毒对象:库房墙壁、门窗、地面、果箱及搬运工具。

消毒方法有两种。

(1)喷洒消毒

可用下列试剂之一,用量均为每平方米面积 250~300 mL。1%甲醛:250 mL40%甲醛原液加水 10 L 搅匀;10%漂泊粉,配置后澄清使用;0.2%过氧乙酸喷洒;0.1%溶液高锰酸钾喷洒。

(2)熏蒸消毒

每立方米容积用硫磺 20~30 g 点燃加锯末熏蒸,发烟后密闭库房 48 小时,然后开门、窗通风,排放废气;每立方米 10 mL 甲醛和 5 g 高锰酸钾进行熏蒸,48 小时后排气。

3.臭氧消毒:用臭氧机消毒 48 小时,浓度 6~10 ppm,臭氧量 15~25 mg m³/H。根据库容和污染程度连续开机,主要杀灭霉菌。

三、温度计校正

每个贮存年度都必须对温度计进行校正,确保温度计读数准确,可采取冰水混合物和标准温度计对比来校正温度。

四、预冷库体

入库前 3 天开机降温,使库温降至 0 ℃,减少猕猴桃进库时库温的波动。降温时应分段降温,降温过快,会造成对库体损坏。一般24小时内降温至10 ℃;48小时内降温至5 ℃;72小时降温至0 ℃。

第二节 猕猴桃采收技术要求

猕猴桃的采收技术要求有以下几点。

(1)确定最佳采收期;

(2)选择贮藏品质好的果园;

(3)采收前10天左右最好能喷一次杀菌剂(甲基托布津、多菌灵、代森锰锌);

(4)果实具备本品种应有的果形、大小、色泽(包括果肉及种子颜色)、质地与风味;

(5)雨天、雨后和露水未干的早晨都不宜采收;

(6)使用过催熟剂果实、乱用生物激素果实不宜进库;

(7)采收应分批进行,先采大果、好果;

(8)采收时要轻拿轻放,避免一切机械损伤(进库桃5%)。

第三节 猕猴桃采后处理

一、消毒或浸钙处理

研究表明,猕猴桃的潜伏侵染性病害不明显,贮藏过程中出现的腐烂主要是由于机械损伤的伤口感染等原因造成的,因此一般情况下,采后的猕猴桃在入库时不需进行消毒处理。

二、挑选分级

挑选、分级的目的是挑除不符合贮藏要求的猕猴桃,使贮藏的猕猴桃标准化、商品化,利于销售。目前比较通用办法,将采摘的猕猴桃果实装入小塑料盆或不锈钢盆,然后轻倒入贮藏果框内,这样可以加快采摘速度,避免采摘人员对其造成机械伤害。

第四节　猕猴桃入库技术要求

一、入库量

入库时应分期分批地进行,不可一次进库量过多,每天的入库量可占库容的 10%~15%,第一次入库可以达到 20%,进库量过大,一次带入的田间热过多,库温难以短时间降到技术要求温度。

二、果箱堆码要求

按等级分垛堆码,货垛排列方式,走向及间隙应力求与库内空气环流方向一致。

三、冷库降温及果实预冷

果实采后 24 小时以内入库逐步预冷降温。猕猴桃入库前本应进行预冷,但目前猕猴桃贮藏库大都没有预冷间,贮藏库直接兼预冷,所以库温波动较大。因此,猕猴桃入库时必须当天把库温降至 0℃度,猕猴桃入库满后,应尽快使桃温降至 0℃度。

四、库内加湿

根据采收年份果实含水量具体确定合理库内湿度。果实采收前降雨较多,入库阶段库内可以不加湿。果实采收前无降雨,入库后应在库内地面洒水,使地面保持湿润。

第五节　猕猴桃冷藏管理技术

猕猴桃入库预冷后,不需要装袋,直接进入管理阶段;而需要装袋,就必须挑选换箱,在进入管理阶段。猕猴桃进入管理阶段,主要是温度、湿度、气体成分的管理,其次就是定期检查,并作好详细记录。

一、温度管理

猕猴桃在贮藏期 30 天,贮藏环境平均温度控制在 -0.5~0.5℃之间,30~90 天后期温度可以控制在 0~-1.0 ℃度之间,库内温度最底点不能底于 -1.2℃。在温度管理时必须注意以下问题:

（1）库内不同部位的温度可能有差异。因此，要在库内的四角及中间部位分别挂温度计，注意温度的差异。温度计要挂在高约1.5~2 m的部位。

（2）靠近冷风机以及冷风口的部位温度较底。因此，这些部位的猕猴桃要注意增加保温措施。

（3）由于包装及猕猴桃呼吸热等原因，猕猴桃的温度与库温存在一定差异，猕猴桃适宜贮藏温度以果温为准。（以木箱中心部位果心温度为准，桃心温度由0 ℃ 逐步降到 -0.5 ~ -0.7 ℃）

（4）猕猴桃入库阶段，每天至少查温度一次，后期每天至少每两天查一次温度，确保库内温度基本分布均匀，并作好详细记录。

二、湿度管理

湿度管理主要防止猕猴桃贮藏过程中失水。提高库内湿度根本方法是缩小制冷剂的蒸发温度与库温的差别（冷风温度不要低于-3.0℃），从而减少蒸发器的结霜。其次在库内不断增加水分，在库内直接洒水。另外，猕猴桃套袋也能减少失水。库内湿度过高也不利于贮藏，因此，为了掌握库内湿度情况，库内应安装湿度计。随时检查，并作详细记录。

三、库内空气管理

猕猴桃代谢中产生的气体乙烯和挥发性芳香物质，这些气体会促进猕猴桃果实的后熟衰老，因此应定期换气，但换气必须慎重。贮藏第一个月可以不换气，后期可以半个月换一次气。利用夜间或早晚低温时通过进风口和排风口进行通风换气，但要注意防止库温有较大的波动。雾天或雨天湿度太高，不宜进行换气。库内有臭氧机，可以不通风换气。

四、定期检查

猕猴桃在贮藏期间应进行定期检查。主要检查是否失水、是否霉烂、是否发生生理伤害、质地和风味是否正常等（可切开检查），发现问题及时解决，有条件的库应定期对猕猴桃进行测定，并作记录。

第六节　猕猴桃出库管理技术

库内猕猴桃根据市场需要，随时出库。主要做到以下几个方面：在包装过程中轻拿轻放，在搬运过程中做到轻搬轻卸；当外界气温较高时，出库时最好进行升温处理，避免猕猴桃结露，容易发霉；猕猴桃在运往气温高的南方销售，一般应用冷藏车运输。

出库后至销售前果实硬度不低 4 kg/cm^2。可溶性固形物含量在 12.0%~14.0% 之间。在任何条件下，贮藏期都不得延长到果实硬度低于以上指标，并保持其特有的风味。因此，必须定期抽检，确保及时出库。

猕猴桃出库至一半时应及时检查和调整库温，避免出现冻害现象（图8-1、图8-2）。

臭氧发生器处理；其他消毒剂处理（次氯酸）。

图8-1　猕猴桃臭氧消毒对照图

图8-2　臭氧伤害

第七节　大帐气调贮藏技术

大帐人工气调贮藏就是在普通冷藏库内,将贮藏的果品密封在用塑料薄膜制成的塑料大帐中,利用制氮机人工调节大帐内的气体成分,达到气调贮藏的目的。这种贮藏方式需要在冷库的基础上,添加一台制氮系统,就能达到气调库的目的(图8-3)。

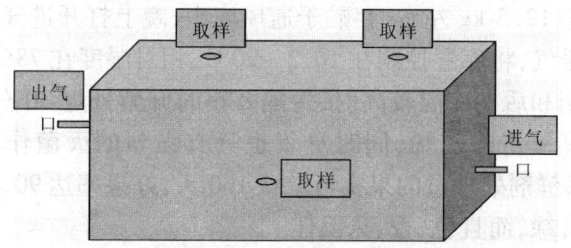

图8-3　气调大帐结构

大帐气调技术指标。大帐气调贮藏条件为:帐内温度 $-0.5 \sim 0 ℃$; O_2 含量为 $2 \sim 4\%$; CO_2 含量为 $2 \sim 5\%$;湿度为自然湿度。在大帐气调贮藏条件下猕猴桃可贮藏 $5 \sim 7$ 个月,果实仍然保持其硬度,成熟后品质良好。大帐气调贮藏入库阶段管理与冷藏相同。猕猴桃入库后的管理必须做到果心温度降到 $0℃$ 时,才能罩帐进入气调管理阶段。管理阶段主要根据帐内气体变化情况进行调气,使帐内气体成分在贮藏技术要求范围则可。

第八节　化学保鲜剂处理技术

保鲜剂处理有浸钙、涂保鲜膜、化学保鲜剂。浸钙、涂保鲜膜比较麻烦,在贮藏过程中不易操作,很少有人采用。现在常用化学保鲜剂主要成分为 1-MCP 气体(一甲基环丙烯)。

一、猕猴桃果实的保鲜剂贮藏技术

一般猕猴桃主要采用以下2种保鲜剂进行贮藏。

1. SM-8 保鲜剂

该保鲜剂可防止果实腐烂、失水和软化,具有保持良好品质的综合保鲜效果。其优点是高效、无毒、成本低、操作容易,并对贮藏条件要求不严格。

通风库中安装进气扇和排风扇,在适当位置安装 2 个紫外线灯,为使库内相对湿度保持在 90%~95%,可在库内沿纵墙设 2 条水沟,贮水增湿。

果实采收后立即用 SM-8 保鲜剂 8 倍释浸果,晾干后装筐,每筐净重 12.5 kg 左右,存贮于通风库中,晚上打开进气扇和排风扇通风排气,将库湿控制在 16.2~20℃,相对湿度在 78%~95%。贮藏前期和后期库温较高时,每隔 8 小时开紫外灯 30 分钟,利用产生的臭氧清除乙烯,同时臭氧也具有强烈的灭菌作用。经过 SM-8 保鲜剂处理过的果实可贮藏 160 天,好果率达 90.4%,果肉仍保持鲜绿,而且色、香、味俱佳。

2. SDF 型猕猴桃保鲜剂

该保鲜剂是由中国科学院成都有机化学研究所和都江堰市中华猕猴桃公司联合研制的。其成分以菜油磷脂为主,其他组成部分也多为天然产物,无毒无害。该保鲜剂与 SM-8 保鲜剂相比,成本低,可直接用冷水稀释使用,库房不需要安装日常杀菌设施。用该保鲜剂处理的猕猴桃,贮藏期 3 个月后好果率在 73.3%。

第九节　猕猴桃贮藏过程中注意事项

猕猴桃贮藏过程中应注意以下几点。
(1)检修好保鲜库。
(2)采收成熟果实。
(3)合理选用防霉、保鲜剂。
(4)严格按技术要求管理。
(5)勤检查,勤记录。
(6)库猕猴桃出完后,及时维护保鲜。

第九章 大帐人工气调管理操作技术

大帐人工气调贮藏就是在普通冷藏库内,将贮藏的果品密封在用塑料薄膜制成的塑料大帐中,利用制氮机人工调节大帐内的气体成分,达到气调贮藏的目的。这种贮藏方式需要在冷库的基础上,添加一台制氮系统,就能达到气调库的目的。

第一节 大帐人工气调贮藏保鲜由来与发展

气调贮藏保鲜是贮藏方式的一次最大改革,也是保鲜方法的一次重要技术革命,当前仍然是国际上猕猴桃生产中最为广泛应用的现代化贮藏保鲜技术。在意大利、新西兰等国家猕猴桃的贮藏,大多都采用现代化的 CA 贮藏库。然而,我国气调贮藏起步较晚,CA 气调库建筑和设备技术复杂,投资大,成本高,短期内产地不可能大量兴建和普遍应用。因而在 20 世纪 90 年代初,我国科研工作者探讨符合国情又能达到保持好猕猴桃果实硬度和品质,延长贮藏期的大帐人工气调贮藏保鲜方法。中国林业科学院王贵禧研究员,将陕西周至猕猴桃试验站生产的"秦美"果实采后,在普通冷库内,采用 S1 塑料大帐罩果实密封于帐内,用 PSA 碳分子筛制氮机制取氮气充入帐内,调控帐内气体,并将给定的气体浓度维持在一个很小的范围内。这种将气调贮藏与冷库贮藏相结合,可同时控制帐内温度、湿度、气体浓度的适宜工艺参数,贮藏猕猴桃达到 CA 气调库的效果(图 9-1、图 9-2)。

图9-1 制氮机

图9-2 空气压缩机

1994年陕西省猕猴桃科技开发公司辛家寨800吨冷藏库,在猕猴桃贮藏保鲜专家王贵禧指导下,改造为大帐气调冷库,大帐商业化批量贮藏获得成功,随后几年在陕西省周至、户县、眉县三县猕猴桃产地纷纷兴建大帐气调库80多座,总库容量约2万吨。随着猕猴桃产业的大发展,陕西省辛家寨气调库在2003和2010年扩建,新建气调库3座,总库容量达到4 000吨左右。这个中型龙头贮藏企业,年复一年的精心仔细科学经营大帐气调贮藏果实,翌年春季猕猴桃销价是冷藏销价的1~3倍,获得丰厚的经济效益。

第二节 大帐人工气调贮藏保鲜工艺技术与研究

一、工艺工序流程集成

普通冷库 $\begin{cases} 制冷系统\to检修保养\to试运行\to(-2℃) \\ 库房\to净化消毒\to空库降温 \\ 大帐\to设计制作 \\ 制氮系统\to检修保养\to试运行(N2) \end{cases}$

选择果园→采收商品果→分选装箱→运输入库→铺帐码垛→预冷防腐→冷库冰温贮藏→大帐冰温→气调贮藏→风险与防范→开帐出库

二、贮前准备

1. 消毒净化

贮藏用的冷库、果箱、托盘、大帐等,清扫整理干净卫生,并认真进行消毒灭菌是绿色贮鲜的首要环境条件。

（1）冷库及设施的消毒

冷库间经夏季较长时间闲置,库内阴潮,加之库内温度都在20℃左右,所以库内有利于各种细菌和霉毒滋生繁殖。因此,为了降低库内菌原基数,减轻入库果实染病机率,必须果实入库前对库间及设施进行彻底消毒灭菌工序。具体方法如下：①国家农产品保鲜工程研究中心研制的CT—高效库房清毒剂,用量为5 g/m³,使用时,将袋内两小包装药剂充分混合,在库放3~5个点,点燃熄灭明火,封闭库房熏蒸4~6小时。②按甲醛：高锰酸钾=5:1的比例配制成溶液,以5 g/m³的用量,封闭库房熏蒸24~48小时。③硫磺粉10~15 g/m³拌干锯末混匀,在库内放几个点,点燃熏烟24~48小时。④用5%的仲丁胺以5 ml/m³的用量熏蒸24~48小时。⑤利用臭氧(O_3)对库房进行消毒灭菌,臭氧(O_3)浓度和开机时间,对消毒效果有明显影响。

（2）果箱及用具的消毒

贮藏使用的果箱及工具直接与果实接触,必须用前进行消毒灭菌工作,具体作法如下：①0.5%的漂白粉水溶液或0.5%的硫酸铜水溶液将果箱及工具泡入,果箱再用高压喷头冲洗脏物。②二氧化氯消毒剂,当活化剂完全溶解后,即可稀释加水250倍,将果箱浸泡或刷洗进行消毒。③0.5%浓度高锰酸钾水溶液浸泡果箱工具消毒。木条果箱使用浸泡消毒既能使药效延长杀灭病原菌时间,又有平衡帐内饱和湿度的优点。

2. 机电检修

用于气调贮鲜的机电设施,必须在贮前进行检修保养,试运行合格使用,制冷压缩机和制氮机是各系统的心脏,匹配电脑式电器控制系统是各机组的大脑,机器、电器检修保养是确保大帐气调贮藏期间"心脏"和"大脑"正常运行的基础。

3. 空库降温

猕猴桃果实入库前2~3天应将库温梯度降温至-1~-2℃,库内温度分布均匀,温度偏差<(0.3±0.1)℃,降温使库体具有大的蓄冷量,以保证猕猴桃果实入库后迅速均匀预冷。

4. 制作大帐

塑料大帐是简易气调贮藏的重要保障条件,大帐由帐体和底帐两部分组成,塑料采用厚度为0.15~0.18 mm韧性强,耐低温,抗老化,透明无毒聚氯乙烯薄膜制作,大帐呈长方体,长宽比(2.5~3):1,帐内贮量10吨左右为宜,既利于保持帐内品温均匀恒定;便于调控库内O_2、CO_2浓度稳定在一个小范围内,又便于罩帐作业。

三、罩帐前冷库冰温贮藏工艺管理

大帐人工气调贮藏果实是在冷库预冷和贮藏前期果温稳定0~-0.5℃时,在库内采用S1塑帐将果实罩帐密封于帐内,造成气调贮藏小环境,因而气帐内果实冷库贮藏阶段是全程贮藏最重要的环节之一。

1. 选择优果果园

获得优质耐藏猕猴桃,就要挑选精心实施科学规范化的"单技上架、配方施肥、定量挂果、生物防治"四大管理技术和生产中实施,"人工授粉、疏花疏果、果实套袋、合理修剪、通风透光"等多项标准化作业的果园。

猕猴桃的品系品种繁多,品种间耐藏性差异较大,一般来说,美味猕猴桃比中华猕猴桃耐贮藏;有毛品种比无毛品种耐贮藏,硬毛品种比软毛品种耐贮藏;绿肉品种比黄肉红肉品种耐贮藏;晚熟品种比早熟品种耐贮藏。

陕西秦岭北麓是猕猴桃优生区,而周、户、眉三县位于千里秦岭最雄伟且猕猴桃资源丰富的地段。这里北部是一望无垠的关中平川,土肥水美,自然环境极适宜猕猴桃生长发育,近二三十年来,在沿山、沿路、沿河建起了70万亩绿色猕猴桃果园。最近几年,优生区果园出现超园(超市、果园)对接和产贮预购合约的订单农业模式,逐年扩大。

2. 采收商品果

采收工序对贮藏质量的重要性极易被忽视,从果树上的生产果中,选采气调贮藏的优质商品果,贮户要有主见,坚持采果标准,绝不早采、抢收、急于把生产果入库,否则翌年春季其后果严重。

(1)采收成熟度

严格把握果实的生理成熟度和工艺成熟度,正常年份果实工艺成熟期约在生理成熟期前10天左右,此阶段果实不再成长,重量不再增加,硬度保持稳定,约一周时间为该品种果实最佳采收期。

气调贮藏果实采收指标:

①可溶性固形物含量在7%~9%之间。

②果实硬度达到$14\sim15\ kg/cm^2$($<10\ kg/cm^2$,耐贮性差)。

③果实生长期在关中平川地域正常年份每个品种从盛花期到成熟期间长短各不相同,秦美156天,海沃德163天,哑特160天,华优142天,翠香135天,红阳130天,西选2号120天。

④感观外形变化,果实皮色褐色加深,树枝叶片有些枯老,果梗与枝条离层形成,果子易摘下。

(2)采收技术

猕猴桃适期采收的果实具有品种的风味和品质,以利于猕猴桃果实气调贮藏。采果时手握果实向上推,轻轻旋转,不能硬拉,要轻拿轻放,像对待鸡蛋那样细心,小心装运,以避免果实损伤,精心采收无伤优质商品果。

(3)切忌贮藏果的"三不采"和帐内果实的"三不放"

"三不采"是把好贮藏果实质量关的必要措施,一不采:未成熟的生果和霜降后的过熟果;二不采:采前一周施氮肥、灌水的果和连阴雨天的果;三不采:使用过膨大剂的果和黄化果、绿皮果。

"三不放"是保证气帐内果实质量的必要措施,一不混放不同的品种,同一品种不同产地的果实在同一帐内;二不混放没用膨大剂和施用过膨大剂的果实在同一帐内;三不混放套袋果和未套袋在同一帐内。

3. 分选与装箱

采后分选装箱工序是果实转向商品水果的开始,也是果实贮藏保鲜质量商品率的基础。

当前人工采果的方式,一种是从树上生产果中直接选采商品果装箱,另一种是从树上将生产果采摘堆放田间阴凉处,人工分选出商品果装箱,装箱果实不能有碰伤果、拉伤果、病虫果、授粉不良的畸形果、黄化树的黄果以及透光不好的绿皮果。

目前,贮藏用果箱一种为木条箱,另一种为塑料箱,果箱耐压强度>500 kg。木条果箱长为 50 cm,宽为 35 cm,高为 32 cm 或 21 cm,木条间隔 0.8~1.2 cm,内壁光滑平整,每箱装果量为 18 kg、12.5 kg,塑料果箱长为 50 cm,宽为 35 cm,高为 26 cm,每箱装果量为 18 kg。

果实不要人为挤压,超量装箱,而应顺其果实自然状态,定量

第九章 大帐人工气调管理操作技术

按规律排列装入果箱,1098课题组多年抽样调查,因果实装箱粗放,装果实不规范,造成挤压、擦伤等物理损伤约占出库损失率的60%左右。

4. 搬运与入库

猕猴桃果皮薄,肉细嫩,是一种具有呼吸跃变的特殊浆果,也是一种营养丰富而汁多易损质地、大大增加了搬运堆垛难度的水果,因此,贮藏库必须有一个与上述特点相适应的搬运入贮的技术要求,规范搬运入库工序作业。

采后果实从果园搬运到入库贮藏、搬箱、过磅、装卸、堆码等工序要轻拿轻搁轻擦,尽量做到各工序不发生震动、颠簸、挤压、磕碰、擦磨及跌落现象,运输车辆要有防震措施,行驶道路要平坦,行车要平稳,装好一车及时运到冷库。据行内专家试验结果:猕猴桃采后在常温下存放一天,就可能使贮藏寿命缩短10~15天。1098课题组科研人员抽样调查评估,由于搬运作业使果实受内伤(受伤不像苹果易发现)造成贮藏中、后期受伤部位局部病变,果实局部软化,腐烂损失约占机械损伤损失的三分之二以上。

5. 铺帐与堆垛

按事先在冷库间设定的位置铺设底帐,在帐内堆摆帐垛方式非常重要,直接关系到冷库间帐垛周围都有冷气流通,帐内果温均匀。一般帐垛通道平行冷风流动方向,让冷空气沿着阻力最小的通道流动。帐垛堆码在托盘(砖块)上按品字型堆垛,果箱留缝隙1~2 cm,帐垛与帐垛之间留距离60~70 cm,帐垛与墙之间留距离50~80 cm,帐垛与顶部留出100~120 cm空间。帐垛要排列整齐牢固以利于充氮监测和管理。

6. 预冷与防腐

猕猴桃专用冷库,目前都采取果实尽量快速入库,在冷库内直接预冷方法进行预冷工艺。

有关专家指出,特别是那些果肉组织娇嫩、营养价值和经济价值高、采后寿命短的水果更需及时预冷。而像猕猴桃等高档水果,预冷尤为重要。

冷库内预冷的方法是果实采后尽早入贮,开启制冷压缩机调大制冷量,充分利用冷风机使空气强制循环流动果箱周围,带走果实自身田间热和呼吸热,快速降低果温,12小时内果温降到0℃,在24小时内将果实的温度稳定在-0.5~0℃。因此,每天入贮量应控制在库间总贮量的10%~15%以下,以免造成降温困难,一般冷库间入贮果实的预冷期约一周左右。为了防止果实在预冷期间失水,库内每天喷洒加少许食盐或高锰酸钾水数次,地面经常保持有积水现象。

每次入贮果实必须及时用防护性杀菌剂氯硝胺(DVNA)、抑菌灵、复方百菌清等药剂杀灭寄生在果实表面的病虫及微生物,罩帐前对库间的果实进行一次熏蒸防腐杀菌十分重要。

四、冰温贮藏期关键工艺管理

猕猴桃罩帐前冷库内果实冰温贮藏(Iee temperature storage),冰温是指从0℃开始到果实冰点的温度区域内,一个高于其冰点0.5~0.8℃低温范围的温度为冰温,在猕猴桃贮藏前、中、后期的冰温范围内进行温度控制管理就叫冰温贮藏。

1. 温度管理

温度是猕猴桃贮鲜寿命、硬度、鲜度、风味和品质诸效果的关键,适合可变低而稳定的温度在贮藏保鲜所有措施中,可占70%以上的效果。在20世纪90年代初,曾提出温度指标为0~2℃,温度过高,幅度太大,贮藏果很快软化。后来在九十年代末进一步提出控制温度0±0.5℃,因贮藏温度与果实适熟期冰点温差过大,贮效仍然不佳。随着贮藏业的发展,逐步认识到大批量商业化贮藏保鲜猕猴桃温度应为可变低而稳定的温度是贮好果实的关键,所以在2004年前后提出猕猴桃贮藏温度越接近冰点的温度贮鲜效果最好。当时提出可变低而稳定的温度指标是:贮藏前期

0~1℃,贮藏中期-0.5~0.5℃,贮藏后期-0.8~-0.2℃。近几年高新技术在果品贮藏保鲜的应用,使温度精密准确控制在其冰温范围内,监测库温与帐内果温的偏差,实现微电脑管理技术,提高了贮藏保鲜温度工艺管理水平。1098课题组科研人员提出冰温贮藏猕猴桃温控指标:预冷期冰温参数0~-0.5℃,贮藏前期冰温参数-0.2~-0.6℃,贮藏中期冰温参数-0.4~-0.8℃,贮藏后期冰温参数-0.6~-1℃(如图9-1)。需要说明的是,在不同贮藏时期的冰温参数,还与冷库的保温性能、制冷量的匹配、果实采收成熟度及采果质量等因素都有一定关系,因此,需灵活掌握适应熟期冰温工艺管理。贮藏的冰温参数越接近冰点区域,贮藏效果越好。

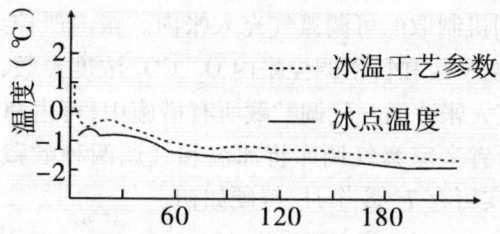

图9-1 采后果实不同贮藏的冰点和保鲜冰温参数示意图

2. 湿度管理

猕猴桃果实皮薄,富含水分,表面角质层薄、皮孔多,90%左右的水分从表皮蒸发,因而,猕猴桃贮藏要求低温高湿,贮藏环境相对湿度应尽量处于饱和状态,贮藏果预冷期和贮藏前期库内相对湿度控制到95%~98%,甚至达到100%的饱和湿度,每天给库内喷洒加入少许食盐和高锰酸钾的水,既给库内环境增加湿度,又净化了环境空气。水分与果实在帐内的耐贮性有着重要的关系。

3. 通风换气管理

猕猴桃贮藏前期通风换气工序十分重要,果实入贮后降温要排放呼吸热,自身还带有真菌、微生物病菌等污染空气。通过换气将及时为库内更新新鲜空气,还能均衡库内温度,使果温处于一个较稳定的冰温范围内。一般换气应在库内外温度差较小的早晨进行,换气引起库温波动以小于2℃为宜。

4.乙烯清除管理

乙烯气体与猕猴桃贮藏果的硬度有密切关系,因此,贮藏初期清除乙烯气体是延长帐内贮藏果实寿命和质量(硬度)的关键管理技术,目前使用有关化学保鲜剂、气态型保鲜剂熏蒸处理猕猴桃最为理想。

五、大帐冰温—气调贮藏保鲜技术

使用S1塑料大帐将冷库冰温贮藏果温降至 $-0.5 \sim 0$℃的帐垛罩帐体密封于帐内(如图9-2),造成一个气调小环境,用PSA-CMS气调机制取的可调氮气充入帐内。帐内严控果实贮藏前、中、后期冰温参数和科学调控帐内O_2、CO_2浓度参数,这两项关键工艺参数在大帐冰温—气调贮藏所有措施中,可占90%~95%的效果。陕西省辛家寨气调库将冰温和气调两种贮藏方式结合使用,每年果实可存7~8个月,鲜硬如初。

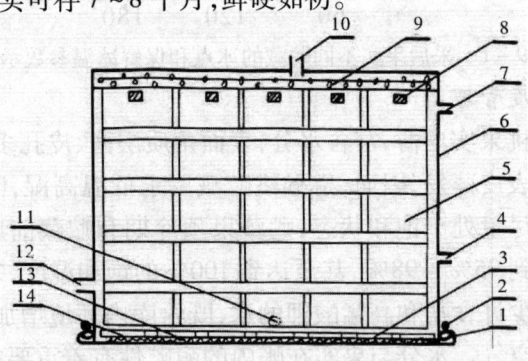

图9-2 S1塑膜大帐气调贮藏示意图

1.帐底卷边 2.沙袋 3.底帐 4.取样孔
5.果箱 6.大帐体 7.抽气袖筒 8.SP-2
9.覆盖物 10.观察口 11.工艺孔 12.进气袖筒 13.油毛毡 14.托盘

第九章 大帐人工气调管理操作技术

1. 罩帐体与充氮气

将帐体事先卷成一个便于展开拿放的柱形体,然后在冷库内人工将帐体从帐垛一端放到帐垛顶部。再向另一端展开,帐体四周边自然吊下,再将帐垛帐底四周卷边料与帐体四周卷边料重叠折卷后用沙袋(砖块)压实,帐垛就密封于帐内,造成一个气调小环境,此时帐内外空气一样,将回气管插入抽气袖筒,空压机抽帐内空气,使帐子紧贴在果箱上,然后将进气管插入进气袖筒,把 PSA 制氮机制出的可调氮气充入帐内,当大帐内 O_2 含量一致后,表示该大帐充氮气完毕,然后扎紧大帐进出口袖筒。人工观测帐体无漏气后罩帐合格。一定时间后,大帐内的氧气降至 1.5% ~ 2% 时,或二氧化碳在帐内积累至 4% ~ 6% 时,就应重新开启气调机进行调气即排出帐内原来的气体而充入新制取的氮气,如此周而复始,进行大帐内环境调气作业。

(1) 帐内温度调控

猕猴桃大帐冰温—气调贮藏全程温度工艺调控对长期有效地保持适熟果实的固有风味和新鲜度,提高商品价值具有重要作用,因此,猕猴桃贮藏前、中、后期冰温参数在冷库和大帐气调两种贮藏方式中温度参数是相同的,具体冰温参数范围指标,贮藏前期冰温参数 -0.2 ~ -0.6℃,贮藏中期冰温参数 -0.4 ~ -0.8℃,贮藏后期 -0.6 ~ -1℃,需要说明的是帐内温度(果温)恒定受帐外温度影响外,还与帐内果实存量、帐内充氮的气体温度等因素有关。

(2) 帐内气体调控

帐内果实处在冰温范围的条件下,帐内环境用适宜的气体浓度进行气调贮藏中,调控帐内 O_2 和 CO_2 适宜指标是大帐冰温—气调贮藏的重要工艺管理环节。

(3) 帐内气体指标

猕猴桃贮藏保鲜专家王贵禧推荐适宜"秦美"果实长期贮藏的气体指标为 5% O_2 + (3% ~ 4%) CO_2。

经陕西省辛家寨气调库技术人员与作者及科研人员合作,对大批量商业化大帐气调贮藏猕猴桃进行 O_2 和 CO_2 两种气体浓度的动态调控试验研究,气帐内适宜的气体参数为 O_2 1.5%~4%, CO_2 4%~6%,在大帐气调贮藏前期 O_2 浓度可稍低些,CO_2 浓度可稍高一些;气调贮藏后期 O_2 浓度应稍微提高点,而 CO_2 浓度应稍许降低,这种动态气体浓度的调控管理范围内贮藏果实风味和品质效果更佳。

(4) 气帐内 O_2、CO_2 调控

通过降低帐内 O_2 浓度同时提高 CO_2 浓度,配合果温在冰温能更有效地抑制猕猴桃果实呼吸代谢。

采取低 O_2 高 CO_2 气体调控,猕猴桃果实罩帐密封后一月左右时间,气体指标为 O_2 1.5%~4%, CO_2 4%~6%。

低 O_2 能推迟果实呼吸跃变高峰出现,降低呼吸高峰峰值,快速抑制果实采后生理生化变化等生命活动,使果实进入低温、低氧、低代谢状态。

高 CO_2 能有效的抑制呼吸,减少呼吸底物消耗,减弱几种酶活性,使果实进入低温、高 CO_2 状态并能增硬保色,提高商品果外观品质。

(5) 气帐内调气规律

在大帐气调贮藏的不同时期(前、中、后)呼吸代谢是保持果实正常生命能量的来源,控制果实呼吸是气调贮藏的基本原理。猕猴桃贮藏专家王贵禧实验结果表明,秦美猕猴桃果实在大帐气调贮藏前、中、后的呼吸强度分别是 2.32、1.67 和 1.32 mg/kg·h。由于前期果实呼吸强度高,对氧的消耗量大,所以调气间隔短,后期生命活动变弱,O_2 消耗量和 CO_2 释放量均弱小,因而调气间隔长,在大帐正常气调贮藏条件下,气帐调气周期间隔贮藏前、中、后期分别为 2、3、5 天,需要说明的是各大帐之间因贮果的品种、质量、装果量等因素都对调气有影响。因此,各大帐气调库应摸索出

第九章 大帐人工气调管理操作技术

自己的调气周期间隔。

(6)气帐内果实异变

猕猴桃大帐气调贮藏果实容易异变需随时查看,贮户必须对帐内果实始终进行监控,分析预测其贮藏效果,在监控时发现如有以下异常情况:①帐内气体有 $O_2<1\%$,$CO_2>7\%$ 的超浓度情况。②帐内调气周期规律紊乱。③人在库内感觉有异常气味。应及时进行帐内果实检查,分析异变原因,尽快处理,减少损失。

第三节 帐内湿度调控

大帐内相对湿度直接影响着贮藏果的外观品质,帐内较偏高的相对湿度能降低帐内环境与果实之间的水蒸汽分压差,抑制果实水分蒸发。帐内饱和湿度应为95%~98%,甚至更高些,当帐内有结冰的冰花存在时湿度为宜。

帐内贮藏果虽然进行了消毒防腐处理,但是,随着果实在帐内贮藏期的延长,药剂效能慢慢降低,有些病毒能在低温条件生存,加之果实后熟衰老其自身抗病性也会减弱等原因,因此,必须重视帐内环境的定期防腐灭菌工作。目前帐内采用熏蒸方式进行防腐灭菌,使用二氧化氯消毒液原液活化后,盛到溶器中,均匀放置4~6个点,让其自然挥发。也可用臭氧(O_3)进行帐内杀菌,其效果更好。

猕猴桃为多汁浆果,产后极易变软变烂,产地群众说猕猴桃是一种"七天软、十天烂、半月以后坏一半"的水果。因此,可以说贮藏是一个冒风险的行业,贮藏果质量造成果实的损失将是毁灭性的,所以采收果实质量对风险影响极大,过早采收生果入贮会导致帐内果实易发生冷害,对 CO_2 浓度极为敏感,而造成贮藏后期果实大量发病,整帐果实失去商品价值的风险常有发生。

猕猴桃贮藏温度(冰温)和帐内气体浓度对果实固有的风味和新鲜度有着直接影响,因此,贮藏的前、中、后期科学测定果实呼吸强度和冰点与各贮藏期调控好温度和 O_2、CO_2 浓度关系十分密切,若贮藏期的温度、气体浓度工艺参数管理失误就会造成较大的风险。

贮藏果实从入库到罩帐、最后开帐出库应始终处于人工监控之下,定期对果实感观性状、果肉硬度、脱水失重、固形物含量,O_2、CO_2 浓度等指标进行观测,并随时对观测结果进行综合分析,用于指导贮藏和防范风险的发生。

第四节 大帐人工气调贮藏的优势与优点

猕猴桃大帐人工气调贮藏保鲜技术是一项符合国情,适合猕猴桃生理特性,迎合贮藏特点的既有利于延长保鲜期,又能达到 CA 气调效果,与其它水果相比,猕猴桃尤其适宜大帐气调贮藏,人工调节帐内环境中 O_2 和 CO_2 浓度能够明显抑制果实的呼吸作用及延长后熟衰老进程,可获得比单纯降温与调湿更佳的贮藏保鲜效果。具有投资少,见效快,效益高的贮藏竞争优势。

在普通冷库利用制氮机进行猕猴桃大帐人工气调有如下优点:

(1) 气帐调气速度快,果实入库预冷期后果温降到 0℃ 以下,码满一帐垛,密封一帐垛,调气一帐垛,可以使果实尽早进入气调贮藏状态。

(2) 气帐调气管理方便,管理人员可随时在库内观测贮藏工艺参数,随时检测果实动态气调气体浓度的变化。

(3) 气帐贮量灵活,气帐内帐垛大小可根据冷库间贮量多少而灵活设定大帐,充分利用冷库空间贮藏果实。

(4) 气帐贮藏便于出库:冷库内帐垛与帐垛之间相对独立,出库时可以有选择地逐帐垛进行,对其他帐垛气调无影响。

第五节 猕猴桃大帐气调储藏技术要点

由于大帐气调贮藏期长。贮藏中期不挑拣,所以比冷藏要严格。技术主要如下:

一、选择优生区果园

在一般情况下,优生区的果实在耐性和品质两方面都比较好。优生区域的主要土壤类型为:棕壤、黄土壤、红棕壤和森林土,这类土壤黏粒较低,团粒结构好,透气性强,能保肥,有机质分解快,在深厚疏松的土层中含有腐殖质3%~5%,土温也比较稳定。土壤的氢离子浓度pH值5.5~6.5较好。在陕西省周至县红壤地猕猴桃较沙土地猕猴桃好,土层厚地区比薄地较好。优生区果园相对病菌害较少,果树抵抗力强,相对病果比例低。

二、无伤采收

采收前必须作果园调查,果实可溶性固形物有6.5%~8.0%比较适宜。采前必须严格进行库体及贮藏容器的消毒,采收必须尽量避免一切机械损伤,保证果实完好无损,做到无伤采收。因此,在采收前应对采收人员进行基本操作技能培训,并准备好必要的采果篮、果箱、运输工具等。在采收过程中,做到轻拿轻放。近年来,由人为和运输的机械伤害造成猕猴桃的损失至少在5%,从采收到消费的流通过程中,至少有5%的果子不能食用。

三、果园初选

由于猕猴桃采收比较集中,在果园中很难做到精心分级,只能对果实进行初选。剔除其中伤、残、病果,尽量在树荫底下进行初选,避免果实暴晒,尽量保持果面的硬毛。

四、定量装箱

根据贮藏容器的大小进行定量包装,一般有15kg、17.5 kg、20 kg、22.5 kg四种类型,一般不应超量,以免果实之间的挤压。果实应自然堆放,不能对果箱震动,在过磅过程中应做到轻搬轻放。

五、减震运输

运输过程中必须做到果箱平衡,果实在果箱中不能滚动。尽量选择比较平稳的路面进行运输。在低凹地带应放慢车速,避免颠簸。尽量避免使用震动过大的车辆运输,避免在生产酒类的厂区周围经过,应绕道而行。在装卸过程中应轻取轻放,必须杜绝和苹果、梨一同运输。

六、预冷

采收的果子必须在48小时之内及时运到冷库内进行预冷。入库量控制在单库容量的10%~15%以下,保证当日入库果及时降温,达到贮藏温度要求,杜绝抢购集中入库,导致库降温困难。猕猴桃在入库后必须分散堆码,以利果箱内果温下降。果温降得越快越有利于猕猴桃长期贮藏。

七、气调贮藏

在果温已降到库温时,应及时进入气调贮藏状态,气调环境中氧气控制在2%~3%,二氧化碳控制在4%~5%。果实进入气调状态越早,越有利于猕猴桃的长期贮期。由于产地不同,猕猴桃的呼吸作用及贮藏特性有差别,所以对猕猴桃果实应进行分类气调,有利于把果实贮藏寿命最大限度地延长。

八、精心管理

根据经验分析,不同产区、不同品种的果实进行精心管理,温度严格控制在-0.5~0.5℃,氧气下限不低于1%,二氧化碳上限不超过5%。应对库内温度情况进行准确测定,测出最低点和最高点,保证猕猴桃不出现冷害和冻害。氧气、二氧化碳不应长时间越过控制指标,否则会造成氧气、二氧化碳不可逆转气体伤害。

九、出售、分级、包装

把握好出库关,减小出库后的损耗。猕猴桃出库时,外界环境温度较高,应对猕猴桃进行逐步升温,避免果面凝结水珠,一般在缓冲间先放置一段时间后,再出库进行分级包装。分级必须做到优质优价,不能掺假,果实上下一样,轻装轻放,保持果箱的整洁。

猕猴桃贮藏工艺流程:

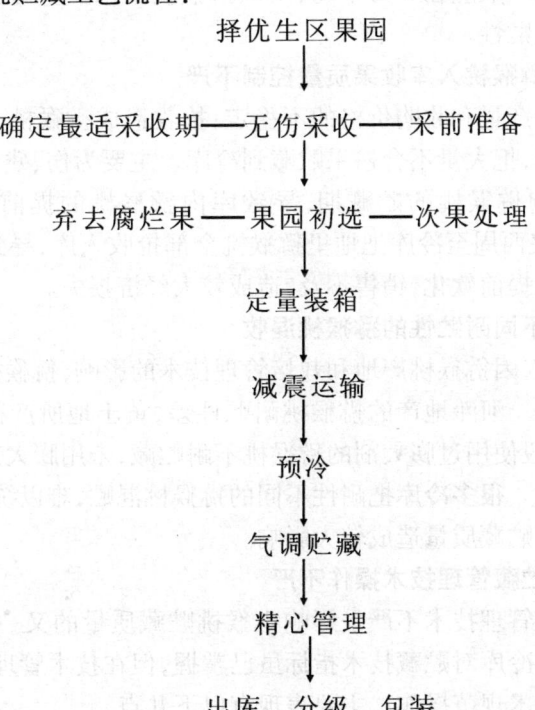

择优生区果园
↓
确定最适采收期——无伤采收——采前准备
↓
弃去腐烂果——果园初选——次果处理
↓
定量装箱
↓
减震运输
↓
预冷
↓
气调贮藏
↓
精心管理
↓
出库、分级、包装

第六节 猕猴桃贮藏过程中存在的主要问题

近几年来,在经济利益的驱动下,在猕猴桃采收、贮藏、包装过程中,存在许多影响猕猴桃产业发展问题。主要包括收果不严、贮藏技术操作不严、虚假包装、不能食用猕猴桃进入市场销售等。

一、猕猴桃采收不严

猕猴桃果实只有达到一定的生理成熟阶段,才能采收,采收过早,品质和风味都较差。近几年7月份就有个别经销商把猕猴桃早采运输到市场,9月份部分冷库就开始采收入库贮藏,而猕猴桃的成熟期一般应在9月下旬,所以猕猴桃早采严重影响了其果实品质和耐贮性。

二、猕猴桃入库收果质量控制不严

由于产量和收购价格的不稳定,抢收造成猕猴桃入库时质量控制不严,把大量不合格果贮藏到冷库。主要为伤、残、病虫害果,严重影响猕猴桃的贮藏期,导致库内猕猴桃的提前后熟软化。2002年陕西周至冷库把地里猕猴桃全部抢收入库,导致冷库内猕猴桃大量提前软化,销售不及,造成较大经济损失。

三、不同耐贮性的猕猴桃混收

目前,因猕猴桃产地和栽培管理技术的影响,猕猴桃耐贮性有较大差别。河滩地产的猕猴桃耐贮性差,黄土地所产猕猴桃较耐贮藏;一般使用过膨大剂的猕猴桃不耐贮藏,未用膨大剂的猕猴桃较耐贮藏。很多冷库把耐性不同的猕猴桃混贮,难以统一管理,对猕猴桃的贮藏质量造成较大影响。

四、贮藏管理技术操作不严

贮藏管理技术不严是影响猕猴桃贮藏质量的又一个原因,很多猕猴桃冷库对贮藏技术指标虽已掌握,但在技术管理过程中,却不能按技术规范操作。主要表现有以下几点。

1. 人为降低库温

有很多冷库根据经验操作,库温不及时检查记录,冷库内甚至连温度计都没有,出现温度过低,发生猕猴桃冷害和冻害。另外,个别冷库采取极端作法,把库温控制在冰点附近,这种作法极易出现冻害。每一年都有个别冷库猕猴桃出现冷害和冻害,造成了经济损失。

2. 不及时调气

不少气调库不严格按气调技术要求操作,气调库氧气长时间过低,二氧化碳过高,造成猕猴桃低氧、高二氧化碳伤害,导致猕猴桃果实不能食用。

3. 搬运过程中人为损伤

猕猴桃搬运过程中不能做到轻卸轻放。造成猕猴桃果实内部伤害,导致猕猴桃出库时出现局部软化现象,这部分猕猴桃不能进入市场销售。

4. 滥用超量使用化学保鲜剂

目前,国内外市场出现几种果品用化学保鲜剂,虽对果品有一定耐贮保鲜作用,但必须严格控制使用,低量使用。个别化学保鲜剂因使用不当,破坏了猕猴桃正常的生理成熟过程,造成果实不能变软食用,成批量烂掉,损失十分严重。

5. 包装不良行为

包装不良行为主要表现在将不能食用果实运往市场,在包装箱内掺入伤害果及过量使用化学保鲜剂而形成的霉烂变质果运往市场销售。

第十章 猕猴桃贮藏保鲜中的常见问题及处理措施

一、机械制冷系统出现故障怎样正常运行

机制冷库贮藏猕猴桃果实后,最着急的事,是设备运行时有故障;最忧怕的事,是猕猴桃进库制冷出毛病。业内专家对冷库贮存果实出现质量事故分析,认为机制冷库系统运行不可靠,机器不制冷引起贮藏果实质量事故约占总事故量的35%~40%,机制冷库要保障贮存好果实。首先要把制冷设备管理好,经常性的维护保养是管好冷库的最好方法。机制冷库用于贮藏保鲜的设备,必须在贮前进行检修保养,制冷压缩机是制冷系统的心脏,匹配电脑式电控箱是系统运行的大脑,电器设备检修是确保贮藏期间"心脏"和"大脑"正常运行的基础。

二、制冷设备的操作与管理应注意的问题

机制冷库制冷设备必须要有专人操作管理,并积累操作和维修保养设备的经验,对贮藏保鲜果实获得较好效益有着保障作用。

1. 制冷设备的启动

启动前的准备工作:启动前应仔细检查电源,电压不低于工作电压10%,曲轴箱润滑油油面应不低于指示油窗的三分之二,高低压表是否正常处于平衡状态,管道系统是否漏油、漏氟(漏气)。还要做好电器电脑的检修,检修正常后方可启动。

制冷压缩机的开启:打开供流阀到最大位置,再倒回1~2圈,使高压表与冷制机制冷腔接通后再接通电源启动,氟制冷压缩机启动程序是:开启水冷式水泵或风冷式冷凝器开关;再开蒸发器风机,然后开动压缩机,如需调节膨胀阀时,可作相应的调节,一经调

第十章 猕猴桃贮藏保鲜中的常见问题及处理措施

节好后,每次以此程序正常启动操作。

制冷压缩机的停机。停机程序是:先关压缩机再关闭蒸发器,最后关冷却水泵或冷凝器风机。自动电脑控制操作装置:手动运行正常后,可设置自动运行,操作人员不能远离工作岗位。

2. 制冷设备的停机(停库)

冷库贮藏保鲜果实出售完毕,制冷压缩机停机,除全封闭制冷机外,都应将制冷剂(氟里昂)收集而贮存于冷凝器中,先把冷凝器供液阀关闭,将蒸发器中制冷剂抽回(称收气操作)。收气后,作好机器设备的油封工作,把各阀门均关闭,还应把阀帽旋紧。

三、制冷系统检修保养内容

(1)制冷机器检修(检查),应检查电机是否运转正常;高低压力表是否在正常指示位置范围,视油境面油面位置是否在刻度线上方。

(2)电器运行前检查电压是否正常,三相电压是否平衡,各启动开关是否灵活到位,电脑运转是否正常可靠。

(3)检查制冷管路焊点、接头、阀门有无漏气,检查管路系统各阀是否正常开启,管道气流有无异常声音,有无泄漏油现象。

以上检查发现的故障应修复好,保证制冷系统正常运行。

四、如何提升气调冷库质量与功能

气调贮藏被视为继机械冷藏推广以来,果蔬贮藏上的又一次重大革新。目前,欧美发达国家果品气调贮藏的量约占总产量的70%~80%,而我国猕猴桃气调贮藏量远远低于总产量的1%,因此,专家认为气调贮藏保鲜在我国具有极大的发展潜力与发展空间。重视改进现有70多座罩帐气调冷库的质量和功能是当前提升贮藏保鲜业水平的主要任务。首先,通过多种方式对罩帐气调库进行技改整合,引入先进管理技术,延长果实保鲜供应期,实现果实春节后上市。其次,兴建若干个贮藏设施先进、贮藏保鲜技术水平与国际贮藏保鲜技术接轨的大规模气调库,以达到季产年销,延长供应期的目的。从出口创汇长远持续发展来看,气调贮藏仍是今后发展的主要方向。

五、气帐内 O_2、CO_2 浓度的调控

通过降低帐内 O_2 浓度同时提高 CO_2 浓度,配合低温能更有效地抑制猕猴桃果实呼吸代谢。

采取低 O_2 高 CO_2 气体调控,猕猴桃果实罩帐密封后 20~30 天,气体指标 O_2 为 1.5%~4%,CO_2 4%~6%。

低 O_2 能推迟果实呼吸跃变高峰出现,降低呼吸高峰峰值,快速抑制果实采后生理生化变化等生命活动,使果实进入低温、低氧、低代谢状态。

高 CO_2 能有效地抑制呼吸,减少呼吸底物消耗,减弱几种酶活性,使果实进入低温、高 CO_2 状态并能增硬保色,提高商品果外观品质。

六、气帐内气体换气操作技术

大帐气调猕猴桃果箱罩帐后,帐内和帐外气体(空气)一样,将气调回气管插入抽气袖筒,空压机抽帐内空气,使帐子紧贴在果箱上,然后将气调氮气管插入进气袖筒,把制氮机制出的可调氮气浓度充入帐内,可连续进行抽气、充氮。测定帐内气体 O_2 浓度达合格指标,气帐内气体置换结束。

氮气(N_2)要充分冷却后进入帐内,帐内温度要严格控制在适宜冷藏温度范围内,应保持恒定。

七、气帐内气体浓度不标准时怎样调控管理

气帐内气体置换合格,猕猴桃果实进入气调状态。一定时间后,由于猕猴桃果实的呼吸作用,大帐内的 O_2 降至下限或呼吸释放出的 CO_2 积累在大帐内并达到上限,O_2 或 CO_2 指标超过界限,就要重新换气,换气作业是将空压机吸气管插入气帐抽气袖筒,抽帐内气体排出帐外,使帐子紧贴果箱上,然后用空压机吸新鲜空气进入 PSA 制氮机,将氮气管插入进气袖筒,充可调氮气,使帐子胀

第十章 猕猴桃贮藏保鲜中的常见问题及处理措施

起来,用 CRES-Ⅱ型氧、二氧化碳气体测定仪或奥氏气体分析仪测定 O_2、CO_2,参数达到要求指标后再将管子取出袖筒折叠扎紧。如此循环,进行气调帐充气作业。

猕猴桃果实在大帐气调贮鲜维持最低生命活动贮藏的不同阶段(前、中、后)果实呼吸强弱不同,科学测定,在大帐气调贮藏前、中、后期果实的呼吸强度分别是 2.32、1.67 和 1.32 mg/kg·h。猕猴桃果实前期呼吸强度高,对氧的消耗量大,所以调气间隔短,后期生命活动变弱,O_2 消耗量和 CO_2 释放量都小,因而调气间隔长,一般正常气调贮藏条件下,调气间隔贮藏前、中、后期分别为 2、3、5 天,不同的简易气调冷库,猕猴桃贮藏温度、帐内贮存量、猕猴桃品种、产地等因素影响调气规律,各气调冷库应具体摸索自己的调气规律,确保气调贮鲜实现优果、优存、优价的高效益。

简易气调冷库,帐内气体浓度调控工艺技术是气调贮鲜效果的关键,必须严格按科学的贮藏工艺操作。

八、气帐内果实发生异变怎样调控

猕猴桃大帐气调贮藏果实,需定期测定帐内气体 O_2、CO_2 指标;如发现测定帐内 O_2、CO_2 气体浓度异常,反复三次测定 O_2 < 1%、CO_2 > 7%;大帐调控帐内 O_2、CO_2 在一周内充 N_2 周期发生紊乱;库(帐)内有异味;若有在以上三种不正常变化其中之一者,就要及时取出帐内果箱检查果实硬度,发现硬度降低就应及时出售。

九、调控气帐内温度参数标准

猕猴桃果实大帐气调贮藏温度为 0±0.5℃,在罩帐前要充分冷却到0℃,温度恒定一周左右再罩帐密封果实。帐内温度比帐外温度偏高 0.5~0.8℃。

十、气帐内湿度参数值是多少

帐内最适宜的相对湿度参数值应是 92%~98%。帐内较偏高的相对湿度能降低帐内环境与果实之间的水蒸气分压差,抑制果实水分蒸发。水分与果实的鲜度、风味和耐贮性有着直接关系。

十一、气帐内的乙烯含量超标时的处理方法

乙烯气体与猕猴桃的硬度有密切关系,因此,贮藏过程中关键措施是保硬。据报道,在0℃时,促使猕猴桃成熟软化的乙烯阈值仅为30 ug/kg,所以清除帐内的乙烯,是延长猕猴桃贮期和质量(保硬)的关键技术措施。

有关科研人员对采后果实贮藏过程中乙烯清除,进行了多种药剂和方法的实用技术试验。帐内把SP吸附型保鲜剂,放在上几层果箱上(因乙烯较空气轻)氧化分解乙烯,可使贮藏环境中的乙烯浓度保持在较低水平,从而延缓果实的后熟衰老。

近几年在猕猴桃贮藏保鲜剂试验中发现,猕猴桃大批量商业贮藏,使用目前国际公认为先进的1—MCP(1—MCP在2002年7月已通过美国政府有关部门的注册,获准在水果商业贮藏上应用)气态喷雾剂,比采用1—MCP固态粉状(或粒状)药剂的质量可靠,其具有浓度稳定,操作方便,投资较少,效果更好等优点。

作者在2008年贮藏年度曾使用1—MCP气态型喷雾熏蒸冷库果实。按瓶装100 mm/瓶可熏蒸30 m^3 空间在陕西省辛家寨、吕家堡、阳化等冷库进行商业化应用。由于可靠稳定的1—MCP浓度,保证了贮藏果实自然成熟的品、味、香风味最佳效果。

十二、气帐内果实出现霉变时的处理方法

猕猴桃在大帐气调贮藏过程中霜霉病、灰霉病、软腐病等病害发生十分严重,预防措施是在果实预冷期对侵染性病害的病原物真菌、细菌、病毒进行早期灭菌消毒处理,迅速杀死田间受到侵染的病毒。果实按照大帐的体积码垛,堆垒之间要留有空间便于气流畅通,罩大帐前用国家农产品保鲜工程研究中心生产的果蔬防腐保鲜烟雾剂5 g/m^3 熏蒸4小时。果实罩帐后采用维绿消毒液,该消毒液用二氧化氯的浓度为2%,具有很好的消毒、杀菌、保鲜、灭藻功能。按使用说明将消毒剂配制好后,用容器放进帐内两端,

第十章 猕猴桃贮藏保鲜中的常见问题及处理措施

定期更换药液杀菌防霉,效果十分明显。

十三、掌握猕猴桃的冰点温度操作方法

猕猴桃采后果实仍是一个有生命的机体,温度是有机体生理存在的首要条件。科学测定,猕猴桃果实在生理成熟期的后熟阶段冰点不同,猕猴桃冷藏果前期的冰点为 $-0.8 \sim -1.2\ ℃$,中期冰点为 $-1.2 \sim -1.5\ ℃$,后期冰点为 $-1.5 \sim -1.8\ ℃$。冷藏果温度趋近于冰点的温度,贮鲜效果最佳。

十四、猕猴桃贮藏保鲜温度参数范围是什么

猕猴桃贮藏保鲜温度是一个可变低温参数。因为猕猴桃果实采后生理成熟期有着不同冰点温度。科学实验表明,水果冷藏温度接近果实后熟的冰点低温是商业化贮藏保鲜的最佳环境条件。猕猴桃贮藏保鲜温度范围是果实贮藏前期的稳定低温 $0 \sim 10\ ℃$,中期稳定的低温 $-0.5 \sim 0.50\ ℃$,后期稳定的低温应是 $-0.8 \sim -0.20\ ℃$。

十五、猕猴桃贮藏前、中、后期如何确定及操作

猕猴桃果实冷藏前、中、后期时间界限划分是一个十分复杂的难题。广大果库科技工作者,在贮鲜实践中观测贮藏果实硬度变化与库温和果温相对函数关系,初步量化时间界限,果实入库贮藏到 11 月上旬果温执行冷藏前期温度工艺参数,从 11 月上旬贮藏到第二年元月上旬执行冷藏中期温度工艺参数,从元月上旬以后执行冷藏后期温度工艺参数。量化时间的确定,还与果实质量、果库条件等因素有关,供果库贮藏时参考。

十六、贮藏保鲜怎样开始预冷

所谓预冷(Precodingtreatment 预冷处理),就是指在果品贮藏或运输之前,迅速将其温度降低到规定的温度范围内。因水果的种类、品种不同,预冷的温度要求也不同,猕猴桃果实的预冷果温达到 0 ℃时,预冷处理结束。预冷的目的是迅速消除果实采摘后自身存在的田间热(或生长热),降低果实温度,抑制果实采后依然旺盛的呼吸,从而达到减缓采后果实的新陈代谢活动,延缓后熟

衰老的目的。

十七、冷库猕猴桃预冷的最佳方法

以前所建冷库没有预冷间,贮户将猕猴桃采后直接送入冷库内进行预冷,以消除果实自身存在的田间热(或生长热)。因此,每批果实进库、码垛都会造成库温起伏变化,果实在库内得不到良好的预冷环境,造成果实在预冷期就发生软化现象。正确的预冷方法应该是:果实采后尽早入库,要快速预冷,降低果温,进库果实要在 12 小时内降至 0℃,预冷时间应不超过 24 小时。然后,按猕猴桃贮藏保鲜前期适宜低温参数 0~1℃运行。果实入库结束,仍按适宜温度参数 0~1℃运行。测定果温达到 0℃时预冷操作完毕。

十八、预冷是猕猴桃果实贮藏保鲜的重要环节

有关专家明确指出,猕猴桃果实属于典型的呼吸跃变型水果,贮藏保鲜必须先预冷。贮户从以往贮藏果实是否预冷的成败中,认识到预冷对果实硬度、品质、新鲜度及果实损耗都有着密切的关系。

专家还指出,猕猴桃采摘后在库外正常温度中所处时间的长短,对果实贮藏寿命有着至关重要的影响。由于猕猴桃果肉组织细嫩、营养价值和经济价值高,尤其是采后寿命极短的高档水果更需要及时预冷处理,才能保证贮藏果实的自然风味。

十九、猕猴桃果实冷害是怎么发生的

所谓猕猴桃果实冷害是指果实在冰点以下的不适低温下贮藏所造成的生理伤害。因为猕猴桃果实采后在整个贮藏期温度要高于冰点温度以上 0.5~0.8℃;而果实发生冷害是因为贮温低于上述温度值,在不适低温贮藏造成果实逆境伤害。发生冷害的果实细胞壁加厚,手感发绵,果肉褐变,失去后熟能力,风味变坏不可食用。

二十、猕猴桃果实发生冷害怎么办

猕猴桃采收后,对果实进行低温贮藏保鲜以增加其产后附加值,但采后果实仍是活的有机体,贮藏环境对其影响很大,尤其是冷害(冻害)的发生可导致贮藏果实品质降低,严重影响其经济效益。

刘运松等(2006)认为影响猕猴桃果实贮藏质量的原因是果实早采。2005年猕猴桃在9月20日就约有90%以上的冷藏库抢收果实入库,其结果大部分冷藏库均不同程度地出现冷害与冻害现象,不少库内猕猴桃全部冻坏,个别批发商将冷害和冻害猕猴桃运往市场批发,致使消费者买回的猕猴桃不能吃,严重地伤害了消费者的利益。据调查,近几年,冷库贮藏果实发生冷害(或冻害)现象屡见不鲜,每年发生冷害(或冻害)的库间约占总库间量的2%左右。

防止和减少冷害发生的措施如下:

1. 适温贮藏

贮藏温度若低于冰点温度,且贮藏期2~3天就会发生冻害。贮藏温度若低于猕猴桃贮藏期临界温度,且贮藏期盲目延长时,就会发生冷害。因此,贮藏温度参数和贮藏期时间管理十分重要,必须严格温度范围管理操作,并较好地测定贮藏期的温度值,才能减少温度过低、时间过长而发生冷害。

2. 湿度调控

有关实验报道,接近100%的相对湿度可以减轻冷害发生,贮藏环境较偏高的相对湿度能降低环境与果实之间的水蒸气分压差,抑制果实水分蒸发,高湿度降低了果实的蒸腾作用,抑制果实冷害的发生。

3. 成熟度与冷害的关系

采收果实成熟度低比成熟度高的易遭冷害。王海宏等(2009)应用1—MCP处理桃果实发现,有时会加剧成熟度较低的果实冷害发生程度,但对成熟度较高的果实,冷害发生率无明显影响,说明1—MCP对桃冷害的发生程度与果实成熟度有关,在猕猴桃应用1—MCP与桃果实冷害发生相同。

二十一、猕猴桃贮藏库内最佳湿度参数是多少

猕猴桃果实皮薄,富含水分,表面角质层薄,皮孔多,90%左右的水分从表皮蒸发,因而猕猴桃贮藏环境相对湿度应尽量处于饱和状态。贮藏前期应将库内相对湿度控制在95%~98%之间;贮藏中,后期库内相对湿度应控制到90%~95%。

二十二、猕猴桃冷藏库内加湿的方法是什么

当猕猴桃果实失水占果实重量的5%时,会发生萎蔫状态,萎蔫使果实表面皱缩,重量减轻,商品价值降低。为了保持贮藏果实的商品价值,库内相对湿度尽可能处于饱和状态。可通过薄膜包装、地面洒水、果箱用蘸水的麻袋(或消毒后的草袋)盖上,也可用喷雾器加湿麻袋(草袋)、安装加湿器等措施提高并维持较高的相对湿度,特别是果实贮藏入库时期要使地面保持积水,也可将制冷化霜水流入库内,提高库内饱和湿度。

二十三、猕猴桃冷库管理主要存在什么问题

虽然库主建起冷库,贮户租用冷库,但许多人却只简单地认为只要将猕猴桃收进冷库自然就能达到保鲜的目的,而不知道科学地管理是保证冷库贮藏保鲜成功的基本条件。目前猕猴桃冷库管理存在的主要问题之一:冷库管理中,有相当一部分人是只知其一,不知其二,照搬别人的套路管理冷库,误人匪浅。存在的问题之二:设备操作管理不善,极不重视机电设备检修。存在问题之三:管理人员对技术管理心中无数,不知道库温要提前2~3天降到0℃,果实进库如何预冷,更不清楚果实贮藏期如何科学控制温度、湿度,气体浓度及通风换气等技术。

二十四、怎样进行库内果实杀菌灭害防腐处理

近年来,随着猕猴桃栽培面积增大,生态环境的变化,果实贮藏期间易发生的生理病害和微生物病害危害程度不断加重,烂库现象频频发生,库内果实杀菌灭害防腐处理十分重要。

果实进库后要及时应用防护性杀菌剂氯硝氨(DVNA)、克菌丹、抑菌灵、复方菌清等对寄生在果实表面的病虫害及真菌微生物进行杀灭。入库贮藏初期应用熏蒸防腐剂、SO_2施放剂、二氧化氯、克霉灵等以气体形式抑制或杀死果实表面的病原微生物。贮

第十章 猕猴桃贮藏保鲜中的常见问题及处理措施

藏期间应交替使用抑菌剂扑霉灵、百可得或扑海因杀菌剂,每 20 天左右使用一次。各类药剂均要严格按说明书使用。

二十五、怎样做好冷库温度的观测管理

温度是冷库需要严格控制的首要工艺参数,这就要求库温测定仪表应尽量准确。目前一些库内使用寒暑表、酒精温度表等普通温度计,这些温度计的划值粗,准确度差,不适宜猕猴桃贮藏库使用。还有一些库内采用多点遥测电子测温仪,测温灵敏,温度指示准确,能作为控制库温的依据。现在多数库内都采取气象用精密水银温度计。贮藏保鲜专家推荐冷库专用温度计,分度值为 0.1,修正值准确到 0.01,比普通气象温度计精确度高,误差小,灵敏度高,适用于贮藏温度要求精确的猕猴桃冷库使用,温度的测定,采用人工观测,温度计每年使用前校正一次,温度计应放置在不受冷凝、异常气流影响环境的地方,库内前、中、后放三个观测点,温度计悬挂高度以观测者目视平齐为好,入库后一月内,每天观测一次,以后每周观测 1~2 次,应做好观测温度记录。

二十六、怎样做好库内湿度的管理工作

猕猴桃果实贮藏对湿度要求较为严格,原因是猕猴桃含水量大,可达 85%~95%,果实蒸腾失水,对果实品质影响大。据有关报道,果实的水分蒸发取决于果实与贮藏环境之间的蒸汽压差,果实内部的空气相对湿度为 100%,当果实贮藏在一个相对湿度低于 100% 的空气环境中时,水分就会从果肉组织蒸发到贮藏空间。所以提高贮藏环境的空气相对湿度,可以有效地降低果实分压差,目前贮藏库内对湿度的准确测定还是一个难题,猕猴桃库内湿度测定不够准确,只有人为的在库内地面撒水,在麻袋或消毒后的草帘上喷水,以增大库内相对湿度。入库阶段每天用喷洒水的方式补充湿度,地面形成积水,贮藏初期每周 2~3 次喷洒清洁水,贮藏中、后期每周 1~2 次喷洒清洁水。经常保持地面积水并有冰花出现,经常察看果实皮色光度变化,做好库内相对湿度管理工作。

二十七、如何测量二氧化碳和氧的含量

测量气调冷库二氧化碳和氧的含量主要有奥氏分析仪(如图10-1)、氧气、二氧化碳气体测定仪等,实践证明用奥氏气体分析仪测量准确性高。奥氏气体分析仪也是用于校正其他仪器的基准仪器。采用奥压气体分析仪测气,虽然操作稍微复杂,但测定结果准确,目前生产上使用该仪器较为实用普遍,该仪器由吸收瓶、量气筒、压力瓶和梳形管四大部分组成,是通过化学吸收反应的方式吸收气体达到测气目的。吸收剂和指示剂的药品配制如下:

二氧化碳吸收液(白水):称取60 g氢氧化钾溶解在140 mL蒸馏水中,搅动溶解后,即为二氧化碳吸收剂。

氧气吸收液(黑水):称取30 g焦性没食子酸溶于70 mL蒸馏水中,搅动溶解。另称50 g氢氧化钾溶于70 mL蒸馏水中,搅动溶解,然后将二液混合,即为碱性焦性没食子酸溶液,用以吸收氧。

封闭仪的配置(红水):称取70 g氯化钠溶液200 mL的蒸馏水中,然后加1~2滴盐酸后加两滴甲基橙着色即可,使封闭仪变为红色。

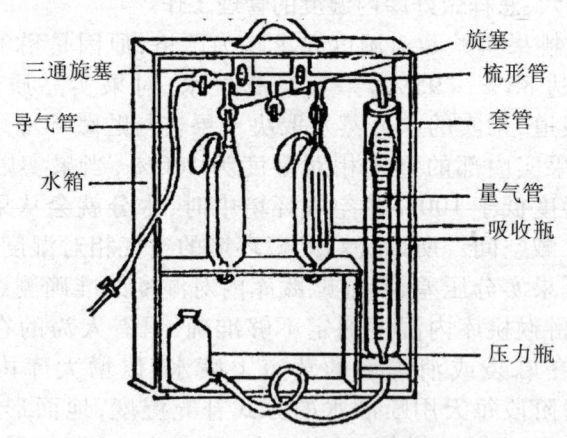

图10-1 奥氏气体分析仪

便携式氧和二氧化氮分析仪,它能快速测定混合气体中氧和二氧化氮的百分率。仪器采用数字显示,读数直观,它比奥氏体分

析仪使用简捷方便,测定速度快。缺点是测定结果准确性差,价格昂贵,使用 1~2 年需更新电解液等。

二十八、臭氧(O_3)在猕猴桃贮藏保鲜中有何作用

近年来,有相当一部分贮藏库,采用臭氧技术对猕猴桃贮藏保鲜进行应用试验。臭氧(O_3)是三个氧原子组成的气体,在空气中约 30 分钟就转变成氧气,因此不像化学杀菌防腐药剂,对果实没有污染,O_3 是广谱性的杀菌剂,可以杀灭果实上的一切真菌。同时,O_3 也有抑制降低果实细胞内多糖水解酶的活性,O_3 也有分解乙烯的作用,因而有较明显的保鲜效果。据报道,2002 年贮藏年度,试验库内用 ADS 型(臭氧产量 5g/h)臭氧杀菌保鲜机,每天开机 8 小时,每隔 2 小时开机一小时,自动控制,从贮藏过程中的对比结果可以认定,臭氧能有效的分解乙烯气体,杀灭细菌和霉菌,能明显的延长猕猴桃贮藏保鲜期,是一种物理性的有机猕猴桃贮藏方法。臭氧的应用浓度、空库的 O_3 浓度、贮藏保鲜期的 O_3 浓度等,还需进一步深入地试验研究。

附录 冷库的相关管理制度章程注意事项

一、冷库管理制度

1. 冷库工作人员必须遵守各项规章制度,遵守工作时间,服从工作安排,保证安全生产。

2. 制冷工要严格遵守操作规程,根据库温要求按时开机停机,要经常检查维修保养机械设备,发现异常要及时维修并向值班领导报告。

3. 制冷工要经常检查库房内的温度,否则,如造成经济损失要对其进行经济处罚。

4. 制冷工工作时间内不准脱岗喝酒、睡觉或从事与本职工作无关的活动,否则按有关规定给予处罚。

5. 冷库机房不准私留非工作人员住宿闲来人员不准进入机房内。

6. 冷库内的各类副食品要按位存放,堆放整齐,食品出库要填写出库单,先进的货物要先出库,要及时清理积压物品,对超期,变质的物品保管员要及时向主任汇报,并妥善处理,因工作失职造成损失的,追究保管员责任并给予经济处罚。

7. 未经厂长同意,任何人不得私自处理库内物品并直接收取现金,不得为外单位或个人在库内存放物品,否则追究保管员和管理员责任,视情节轻重给予 50—200 元或扣发当月奖金的处罚。

8. 库内保存果品,每月清点一次,做到帐物相符。保管员必须对工作认真负责,不得粗心大意,弄虚作假,以权谋私,否则出现问题追究保管员责任。

9. 按规定时间开库,锁库. 保管员、制冷工下班前要认真检查库房、机房情况,没有问题后方可离岗。

10.冷库值班人员要经常注意冷库周围情况,发现异常要及时报警,确保冷库安全。

二、冷库设备、冷库制冷系统维护保养

1.经常检查和确认电源的电压是否符合要求,电压应为380V±10%(三相四线)。冷库设备长期不用时,应截断冷库的总电源,并确保制冷机组不受潮、不被灰尘等其它物质所污染。

2.制冷机组上的冷凝器很容易被沾污,应根据实际情况定期进行清洗。以保持良好的传热效果。散热好,制冷才好。制冷机组周围不要堆放任何杂物。

3.制冷机在运转过程中应避免振动,振动除了增加机械磨损外还会导致机组上连接管松动或者断裂。机器在运转过程中若发现噪声异常,应停机检查,排除后再运行。制冷压缩机组的保护功能均已事先设定好,无须调整。

4.定期检查制冷机组的各连接管、阀件上的连接管是否牢固,是否有制冷剂渗漏(一般渗漏的地方会出现油迹)。检漏最实用的方法是:用海绵或软布沾上洗涤剂,揉搓起沫,然后均匀涂在要检漏的地方,观察数分钟。若渗漏会有气泡

出现。在渗漏的地方做上记号,然后做紧固或气焊处理(由专业制冷工作人员进行检修操作)。

5.冷库的电器设备应避免受潮,以免漏电造成触电事故。

6.冷库的门的铰链、拉手、门锁应根据实际情况定期添加润滑油。

7.冷库的电器设备检修应有由电工或懂得用电知识的人员来操作,任何检修都必须切断电源,以确保安全。

8.冷库的上面(顶板)不应堆放杂物,否则冷库的库板会变形而影响保温性能,并保持冷库周围通道畅通无阻,只有确保散热良好,制冷才能良好。安放冷库的位置应保持干燥、洁净、无易燃易

爆物品、确保没有任何安全隐患。蒸发器前不得堆放物品(预留一定的空隙),以免影响制冷效果。

9. 冷库的库内温度、温差等参数,这些都应根据冷库的实际情况而设定,不可任意改变参数。冷库出厂时已根据用户要求而定制,要了解冷库的技术参数后再进行控制器上各项参数的设定。

10. 如因空气湿度过大、化霜间隔时间长、库温设定不正常,所有这些都会导致库内蒸发器上霜层增厚,库温不降。这时就应进行化霜(除霜)处理。并及时观察,等霜层消失立即停止化霜。稍等片刻后再启动设备。

11. 压缩机应避免频繁启动,每次停机间隙时间不应少于6分钟。发现压缩机视油镜油位下降或变脏时,需及时添加或更换,不能加入牌号不对和长期暴露在空气中致使含水量多的不合格冷冻机油,否则会引起高温碳化、低温析蜡、电机绝缘受损、系统回油困难等故障。经常注意压缩机外壳、机身及气缸盖处的温度变化以判定压缩机运转是否正常。制冷压缩机组在通常情况下不须加油。如果确定需要加油,应由专业人员加入压缩机专用油,加油量由专业人员制定,不得盲目添加。

12. 定期检查电源电压是否正常(三相四线)否正常有效。

三、冷库设备使用注意事项

1. 冷库设备初期运转机组:要经常观察压缩机的油面、回油情况、油的清洁度,发现油脏或油面下降要及时更换和添加,以免润滑不良造成烧毁压缩机。

2. 对于冷库设备的冷风机:要经常检查除霜情况,除霜是否彻底,除霜不好导致制冷慢并造成系统回液。

3. 对于冷库设备的风冷机组:要经常清扫冷凝器使其保持良好的通风、换热状态。对于冷库水冷机组:要经常检查冷却水的混浊程度,如冷却水太脏,要进行更换。检查供水系统有无跑、冒、滴、漏问题。水泵工作是否正常,阀门开关是否有效,冷却塔风机是否正转。

4.仔细倾听压缩机、冷却塔、水泵或冷凝器风机运转声音,发现异常及时处理,同时检查压缩机、排气管及地脚的振动情况。

5.经常观察压缩机运行状态,检查其排气温度,在换季运行时,要特别注意及时调整系统供液量。

6.对压缩机的维护:初期系统内部清洁度较差,在运行30天后要更换一次冷冻油和干燥过滤器,在运行半年之后再更换一次(要根据实际情况而定)。对于清洁度较高的系统,运行半年以后也要更换一次冷冻油和干燥过滤器,以后视情况而定。

冷库使用注意事项:

a.经常检查及确认电源来线的电压符合要求,电压应为380V±10%,三相四线或五线。

b.蒸发器前不得堆放物品。以免影响制冷效果。

c.制冷压缩机组周围不要堆放杂物。

d.制冷压缩机组在通常情况下不须加油。如果确定需要加油加入压缩机专用油,加油量由专业人员制定,不得盲目添加。

f.制冷压缩机组的保护均已事先设定,不须调整。

g.定期清洁制冷机组及冷凝器并观察油面。

h.严格把握入库量,每日入库量应不超过总库容量的15%。

I.观察控制柜运转情况或观察温度表变化情况。

j.禁止将电器部分及电脑控制柜接触水,以免损坏。

k.定期观察蒸发器融霜情况。

L.不要随意控制柜内连接其它电器。

m.不要随意拆卸制冷机组及电控元件

四、库房的使用与管理

1.冷库的使用,应按设计要求,充分发挥冷库的冻结、冷藏、制冰、储冰能力,提高利用串,确保安全生产与商品质量。商品堆垛,要留出合理的间距与走道,不得靠墙、靠顶,以便库内操作、车辆通过、设备检修以及使空气保待良好的循环。商品货垛要牢固整齐、挂牌,做到先进先出。商品进出库房要防止撞击库门、柱子、墙壁和制冷设备。

2.库房管理要设立专门小组,要特别注意防水防逃氨,要严格把好冰、霜、水、门、灯五关。

(1)穿堂和库房的墙、地坪、门、顶棚等部位有了冰、霜、水要及时清除。

(2)库内排管和冷风机要及时扫霜、融霜,以提高制冷效能,节约用电,冷风机水盘内不得积水。

(3)未经冻结的热货不得进入冻结物冷藏间,以防止损坏冷库,保证商品质量。

(4)要管好冷库门,商品进出要随手关门,库门损坏要及时维修,做到开启灵活,关闭严密,不逃冷,风幕要正常运转。

3.认真做好建筑物的维护和保养,防止建筑结构的冻融循环、冻酥、冻臌。

(1)空库时,冻结间和冻结物冷藏间应保持在-5℃以下,防止冻融循环;冷却物冷藏间应保持在露点温度以下,避免库内滴水受潮。

(2)为了保护地坪、防止冻臌冻坏,不得把商品直接铺在地坪上冻结或脱盘不得在地坪上摔击,不准倒垛拆桩。

(3)商品堆垛、吊轨悬挂,其重量不得超过设计负荷。

(4)没有地坪防冻措施的冷却物冷藏间,在使用中应防止地坪冻臌。

(5)冷库地下自然通风管道应保持畅通,不得积水,结霜,不得堵塞。

(6)要定期对建筑物使用进行全面检查,发现问题要及时修复。

4.库内电器线路要经常维护、防止漏电,出库房要随手关灯。

附录　冷库的相关管理制度章程注意事项

五、商品保管与卫生

1. 冷库要加强商品保管和卫生工作，重视商品养护，保证商品质量，减少干耗损失。要配备专职保质员（保管员）负责检查出入库商品质量，库内要做到符合食品卫生的要求。

2. 根据商品的特性，严格掌握库房温度、湿度，在正常情况下，冻结物冷藏一昼夜温度升降不得超过1℃，冷却物冷藏间不得超过0.5℃。在货物进出仓过程中，冻结物冷藏间温升不得超过4℃，冷却物冷藏间不得超过3℃。

3. 要严格掌握库内商品的储存保质期限，定期检查，先进先出，如发现商品异变，应及时发出质检单，会同货主迅速处理。

4. 商品要经过挑选、整理或改换包装才能入库。

5. 要建立库房台帐，认真记载商品的货主、进出库时间、凭证号码种、数量、等级、质量、包装和生产日期，要按垛挂牌，定期核对帐目，出清理一批，做到帐、货、卡相符。

6. 冷库必须做好下列卫生工作：

（1）冷库生产工作人员每年检查一次健康情况，发现核对帐目，出一批清理一批，做到帐、货、卡相符。

（2）库房周围和库内外走廊、汽车、火车月台、电梯等场所要专人清扫，保持卫生。

（3）库内使用易锈金属工具、木质工具、运输工具、垫木、冻盘等设备勤洗、勤擦、定期消毒，防止发霉、生锈。

（4）库内商品出清后，要彻底清扫、消毒，堵塞鼠洞，消灭霉菌。

六、设备管理、安全与劳动保护

1. 冷库的制冷设备具有高压、制冷剂有毒的特点，冷库职工要贯彻"安全第一、预防为主"的方针，严格贯彻执行劳动部《压力容器安全监察规程》、《在用压力容器检验现程》，要以高度责任感进行认真的操作、维护、保养和检验确保设备安全运转。

2. 冷库中的制冷工、电工、电焊工、叉车工、电梯工等特种作业人员应持证上岗,要经常进行安全教育、技术培训和业务学习,并按劳动局规定期限进行考核。

3. 冷库中所用压力容器除每次大修进行气密性试验外,外部检查必须每年一次,内部检验按规定期限内检验。压力表、安全阀每年必须经法定部门检验一次。经检验不合格者必须强制修复、更新。

4. 机房、库房的每台设备、每个阀门、仪表都必须有专人负责,认真操作,检修保养;建立交接班、安全生产、设备维护保养制度及定额标准等各类岗位责任制,并严格执行。

5. 操作人员要做到"四要"、"四勤"、"四及时",要定期考核评比、奖惩。

(1)"四要":要确保安全运行;要保证库房温度;要尽量降低冷凝压力,要充分发挥制冷设备的制冷效率,努力降低水、油、电、制冷剂及辅助材料的消耗。

(2)"四勤":勤看仪表;勤查机器温度;勤听机器运转有无杂音;勤了解进出货情况。

(3)"四及时":及时放油;及时除霜;及时放空气;及时消除冷凝器水垢。

6. 交接班时要做到:

(1)当班生产任务及机器运转、供液、库温等情况清楚。

(2)机器设备运行中的故障、隐患及需要注意的事项明确。

(3)车间记录完整。

(4)生产工具、用品和安全消防器材齐全。

(5)机器设备及工作场所清洁无污,周围无杂物。

(6)交接班中发现问题,如能当班处理,交班人应在接班人协助下负责处理完毕再离开。

7. 冷库库房和机房工作人员是在低温下工作,应按有关部门的规定,给了相应的劳动保护待遇。

七、冷库日常管理制度

1. 冷库工作人员必须遵守各项规章制度,遵守工作时间,服从工作安排保证安全生产。

2. 制冷工要严格遵守操作规程,根据库温要求按时开机停机,要经常检查维修保养机械设备,发现异常要及时维修并向领导报告。

3. 制冷工要经常检查库房内的温度,否则,如造成经济损失要对其进行经济处罚。

4. 制冷工工作时间内不准脱岗喝酒、睡觉或从事与本职工作无关的活动。

5. 冷库机房不准私留非工作人员住宿,非工作人员不准进入机房内。

6. 冷库内的各类货物要按位存放,堆放整齐。出库要填写出库单,要及时清理积压物品,对超期、变质的物品保管员要及时向主任汇报,并妥善处理。因工作失职造成损失的,追究保管员责任并给予经济处罚。

7. 未经冷库经理同意,不得为外单位或个人在库内存放物品,否则追究保管员和管理员责任,视情节轻重给予50~200元或扣发当月奖金的处罚。

8. 库内物品做到帐物相符.保管员必须对工作认真负责,不得粗心大意,弄虚作假,以权谋私,否则出现问题追究保管员责任。

9. 保管员、制冷工下班前要认真检查库房、机房情况,没有问题后方可离岗。

10. 冷库值班人员要经常注意冷库周围情况,发现异常要及时报警,确保冷库安全。

图书在版编目(CIP)数据

猕猴桃贮藏保鲜实用工艺技术/段眉会，朱建斌主编.—杨凌：西北农林科技大学出版社，2012(2014.9重印)
ISBN 978-7-81092-692-8

Ⅰ.①猕… Ⅱ.①段…②朱… Ⅲ.①猕猴桃—食品贮藏②猕猴桃—食品保鲜 Ⅳ.①S663.909

中国版本图书馆 CIP 数据核字(2012)第 242756 号

猕猴桃贮藏保鲜实用工艺技术

段眉会　朱建斌　主编

出版发行	西北农林科技大学出版社
地　　址	陕西杨凌杨武路3号　　邮　编　712100
电　　话	总编室：029—87093105　发行部：87093302
电子邮箱	press0809@163.com
印　　刷	陕西杨凌森奥印务有限公司
版　　次	2012 年 2 月第 1 版
印　　次	2014 年 9 月第 2 次
开　　本	850 mm×1168 mm　1/32
印　　张	4.5
字　　数	112 千字
插　　页	2

ISBN 978-7-81092-692-8

定价：13.50 元

本书如有印装质量问题，请与本社联系